Andrea Rings, geboren 1965, wuchs in der Eifel auf und lebt mit ihrer Familie am Niederrhein. Die Biologin und Umweltberaterin hat über viele Jahre Konzepte im kommunalen Umweltschutz entwickelt und umgesetzt.

Heute ist sie freie Autorin für Kinder- und Jugendbücher, darüber hinaus leitet sie Schreibwerkstätten für Kinder und Jugendliche. In ihren Texten geht es oft um Natur, Technik und Abenteuer. Ihr Debüt „Parkour – Nur die Wahrheit ist unbezwingbar" wurde 2013 mit dem *Goldenen Pick* ausgezeichnet, ihr zuletzt erschienener Roman »FALCON: Gefahr aus der Luft« stand 2020 auf der Longlist für den *Glauser-Preis* in der Kategorie Jugendroman.

»MISCH DICH EIN – Klug für das Klima argumentieren« ist das erste Sachbuch von Andrea Rings.

MISCH DICH EIN

Klug
für das KLIMA
argumentieren

Andrea Rings

Oetinger Taschenbuch

MIX
Papier aus verantwortungsvollen Quellen
FSC® C005108

Originalausgabe
1. Auflage

Satz: Arnold & Domnick GbR, Leipzig
Druck und Bindung: Gugler GmbH
Auf der Schön 2
A-3390 Melk/Donau, Österreich
Printed 2020
978-3-8415-0665-8
www.oetinger-taschenbuch.de

Inhalt

Was, wenn wir nichts ändern? 7

Fakten – Das solltest du wissen 11

Fake – Das sollte dich skeptisch machen 32

Action – So erreichst du wirklich etwas 54

Es geht um dich 73

Quellen und weiterführende Literatur 74

Was, wenn wir nichts ändern?

Der Klimawandel ist da, und wir sind mittendrin. Die ganze Erde ist betroffen, und das bedeutet: Jeder Mensch ist betroffen. Also auch du! Der Klimawandel ist bereits so weit fortgeschritten, dass wir die schlimmsten Auswirkungen nur noch verhindern können, wenn alle mitmachen. Selbst dann können wir nicht alle Veränderungen stoppen oder gar umkehren, doch wenn wir so weiterleben wie bisher, ist der Weg in die Katastrophe unausweichlich.

Dann steigt die globale Temperatur weiter an. Hitzewellen werden häufiger, intensiver und länger. Es kommt zu Dürren und Missernten, Bauern verlieren ihre Lebensgrundlage. Die Weltmarktpreise für Agrargüter steigen. Es gibt mehr Armut und Hunger, der Zugang zu Trinkwasser wird schwieriger. Waldbrände nehmen zu, aber auch Überflutungen, Starkregen und Wirbelstürme. Ganze Landstriche werden unbewohnbar. Die Ozeane erwärmen sich immer mehr und versauern zunehmend. Korallenriffe bleichen aus und sterben ab. Die Artenvielfalt im Meer sinkt drastisch, es steht weniger Fisch als Nahrungsquelle zur Verfügung. Meereis in der Arktis schmilzt, Eisschilde tauen. Die Zirkulation im Ozean verändert sich, mit gravierenden Folgen für die Meeresbewohner und das Weltklima. Der Meeresspiegel steigt weiter an. Menschen in Küstengebieten verlieren ihre Heimat, kulturelle Schätze werden zerstört. Gletscher schmelzen. Permafrostböden tauen und setzen große Mengen Klimagase frei, der Untergrund wird instabil. Immer mehr Tier- und Pflanzenarten sterben aus. Insekten zur Bestäubung fehlen in der Nahrungsmittelproduktion. Von Mücken übertragene Krankheiten breiten sich aus. Die Zahl der flüchtenden Menschen nimmt zu, Konflikte nehmen zu. Es besteht die Gefahr von plötzlichen großräumigen Veränderungen mit irreversiblen Folgen. Wenn Kettenreaktionen ausgelöst werden, verstärkt sich die Erwärmung der Erde unkontrollierbar. Unbewohnbare Gebiete werden größer, die Erde wird immer lebensfeindlicher. Das Überleben der Menschheit steht auf dem Spiel.

Es reicht nicht, wenn wir erst dann handeln, wenn wir selbst betroffen sind. Wir müssen global denken. Es gibt Stellen im System, bei denen eine weitere geringe Erwärmung irreversible große Veränderungen hervorruft. Diese Kippelemente wirken wie tickende Zeitbomben, und deshalb ist es wichtig, die weitere Erwärmung der Atmosphäre unbedingt zu bremsen. Hier kommt es wirklich auf jedes Zehntel Grad an.

Und noch ein Grund, warum wir jetzt sofort handeln müssen: Hauptursache des Klimawandels ist die Nutzung fossiler Brennstoffe, insbesondere in den Industrienationen. Die weltweite Krise betrifft aber zuerst die armen Länder, vor allem die in der Äquatorregion. Diejenigen, die am wenigsten dafürkönnen und in den ärmsten Regionen der Welt leben, leiden am meisten unter den Folgen des Klimawandels. Schon jetzt nehmen wir in Kauf, dass dort Menschen sterben und ganze Landstriche unbewohnbar werden. Dieser Verantwortung müssen wir uns stellen und konsequent handeln.

Obwohl das Thema in allen Medien ist und wir die Fakten überall nachlesen können, gibt es immer noch viele Menschen, die den Klimawandel ignorieren oder leugnen. Es werden bewusst falsche Informationen gestreut, Fakten verzerrt und diejenigen angegriffen, die für den Klimaschutz kämpfen. Mehr Klimaschutz bedeutet auch Veränderung in der Gesellschaft. Da geht es um weniger Konsum, Verzicht auf Gewohnheiten oder Komfort, Angst vor Arbeitslosigkeit, weniger Gewinne oder gar Verluste für Betriebe und vieles mehr. Es ist ganz normal, dass Menschen sich gegen solche großen Veränderungen wehren, doch wenn wir das Klima schützen wollen, müssen wir vor allem den CO_2-Ausstoß drastisch verringern. Nur so wird es uns gelingen, die gefährliche Erwärmung der Erde zu stoppen. Alle sind gefordert und können dazu beitragen, auch diejenigen, die bisher dachten, mit dem Thema nichts zu tun zu haben. Es ist also wichtig, dass wir laut und deutlich für das Klima eintreten und uns nicht verunsichern lassen. In diesem Buch findest du Strategien und Argumente, wie du dich in die gesellschaftliche Diskussion einbringen kannst.

Misch dich ein, es geht um deine Zukunft!

Fakten – Das solltest du wissen

Warum spüren wir Klima nicht? Wie können Wissenschaftler Aussagen über das Klima der letzten 800 000 Jahre machen? Und was hat es eigentlich mit dem 1,5-Grad-Ziel auf sich? Wenn du mitreden willst, musst du gut informiert sein.

Quellen

Dieses Buch ist eine Einführung. Willst du mehr wissen, solltest du dir weiterführende Literatur besorgen. Sei kritisch und achte darauf, welche Quellen angegeben werden. Zum Thema Klima gibt es viele Fake News, mehr dazu erfährst du ab Seite 45. Es ist immer sinnvoll, zu fragen: Wer sagt was, und wie sieht die Interessenlage der Betreffenden aus? Um dir eine fundierte Meinung zu bilden, musst du als Grundlage immer mehrere Quellen berücksichtigen.

Das Bundesministerium für Umwelt, Naturschutz und nukleare Sicherheit (BMU) gibt jährlich die Broschüre »Umweltschutz in Zahlen« heraus, die du auf den Seiten des BMU herunterladen kannst (www.bmu.de). Viele aktuelle Informationen findest du auch auf den Seiten des Umweltbundesamtes (UBA) (www.umweltbundesamt.de).

Wetter oder Klima?

Ein Blick auf deine Wetter-App: Für heute werden Regen und 7 °C gemeldet. Jetzt reicht ein Blick aus dem Fenster, und du weißt, ob die App richtigliegt. Mit **Wetter** beschreiben wir den Zustand der Atmosphäre zu einem bestimmten Zeitpunkt an einem bestimmten Ort. Während wir Wetter direkt wahrnehmen können, lässt sich das **Klima** nicht unmittelbar spüren. Klima ist der durchschnittliche Zustand der Atmosphäre in einem bestimmten Gebiet über einen längeren Zeitraum. Als Zeitspanne für Untersuchungen des Klimas empfiehlt die Weltorganisation für Meteorologie (*World Meteorological Organization*, WMO) mindestens 30 Jahre. Man betrachtet statistische Werte, also Mittelwerte, Extremwerte und Häufigkeiten. Dafür werden **Wetterbeobachtungen** zusammengetragen und ausgewertet. Wetteraufzeichnungen gibt es seit etwa 220 Jahren. Darüber hinaus können Wissenschaftler über spezielle Verfahren auf frühere klimatische Bedingungen schließen oder mithilfe von Klimaprojektionen die weitere Entwicklung mit hoher Wahrscheinlichkeit voraussagen. Mehr dazu erfährst du auf den Seiten 21 und 23.

Was ist da im Wandel?

Wenn vom Klimawandel geredet wird, vergleicht man meist heutige Zustände mit den Bedingungen, wie sie vor der Industrialisierung herrschten. Deshalb wird oft wird von der **vorindustriellen Zeit** gesprochen, damit gemeint ist die **Zeit vor 1850**. Wir unterscheiden Änderungen in Mittelwerten (z. B. der Temperatur) und in Extremereignissen (z. B. häufigere und stärkere Überschwemmungen oder Dürren). Mittelwerte sind statistische Werte, die Hinweise auf globale Veränderungen und Tendenzen geben. Wir dürfen aber nicht vergessen, dass die Werte an einzelnen Orten der Welt sehr unterschiedlich sein können.

Wichtige Fakten:

- Die **globale Durchschnittstemperatur** ist um etwa 1 °C im Vergleich zur vorindustriellen Zeit angestiegen. Pro Jahrzehnt erwärmt sich die Erde derzeit um 0,2 °C.
- Die mittlere **CO_2-Konzentration** in der Atmosphäre ist von 280 ppm (1850) auf 410 ppm (2018) gestiegen und nimmt immer schneller zu.
- Die **Häufung von Temperaturrekorden** in den vergangenen Jahren ist höchst ungewöhnlich, seit Jahren zeigt sich ein klarer Aufwärtstrend.
- Die **Ozeane** haben sich **deutlich erwärmt**. Die Temperatur der oberen Wasserschichten der Weltmeere ist von 1980 bis 2015 um etwa 0,5 °C gestiegen.
- Die **Ozeane versauern** zunehmend. Der **pH-Wert** der Meeresoberfläche liegt im weltweiten Mittel bei etwa

pH 8,1 und damit gegenüber der vorindustriellen Zeit bereits um rund pH 0,1 niedriger.

- Der **Meeresspiegel steigt** aktuell um 3,4 mm pro Jahr (± 0,4 mm). Er stieg zwischen 1993 und 2017 im globalen Mittel um etwa 85 mm.
- Der **grönländische Eisschild** schwindet um 250 bis 300 Milliarden Tonnen pro Jahr, er schmilzt immer schneller.
- **Gletscher** haben massiv an Eismasse verloren, im Mittel 20 Meter Dicke von 1980 bis 2017. Die **Schneebedeckung** der Nordhalbkugel nimmt ab, das **Meereis** rund um den Nordpol wird stetig weniger.
- Der Klimawandel zeigt sich auch in stärkeren **Klimaschwankungen** und häufigeren **Extremwetter-Ereignissen** wie Stürmen, Dürren oder Hitzesommern.

Ein Klimasystem – fünf Komponenten

Wenn wir über Klima reden, sprechen wir über den Zustand eines ganzen Systems. Das Klimasystem ist höchst komplex, und die Ursachen für Klimaveränderungen finden wir nicht immer dort, wo wir die Auswirkungen spüren. Wenn wir verstehen wollen, welche Faktoren unser Klimasystem beeinflussen, müssen wir erst einmal verstehen, wie das System »Klima« funktioniert. Dazu unterteilen wir das Klimasystem in **fünf verschiedene Teilsysteme: Atmosphäre,**

Hydrosphäre, **Biosphäre**, **Kryosphäre** und **Lithosphäre**. Sie beeinflussen sich gegenseitig und reagieren verschieden schnell auf äußere Einflüsse. Diese Reaktionszeiten sind besonders wichtig, denn Klimaänderungen entstehen vor allem durch die langsameren Komponenten. Bei aller Vereinfachung dürfen wir nicht vergessen, dass es in jedem der Teilsysteme unterschiedliche Regionen gibt und diese sich ganz unterschiedlich verhalten können.

Schauen wir uns die Teilsysteme etwas genauer an:

Die **Atmosphäre** ist die gasförmige Schicht oberhalb der Erdoberfläche, die unseren Planeten umhüllt. Sie reagiert sehr schnell auf äußere Einflüsse, dort spielt sich ein Großteil des Wasserkreislaufs und aller Wetterphänomene ab. Die Atmosphäre schützt uns vor schädlicher UV-Strahlung, lässt aber das lebenswichtige Sonnenlicht zur Erdoberfläche durch. Bestimmte Gase in der Atmosphäre sorgen für Temperaturen, die überhaupt erst Leben ermöglichen: die Treibhausgase. Ohne sie läge die Durchschnittstemperatur bei −18 °C, und die Erde wäre von einer dicken Eisschicht überzogen. Die Atmosphäre besteht zu ca. 78 % aus Stickstoff, zu ca. 21 % aus Sauerstoff, zu weniger als 1 % aus Edelgasen und zu weniger als 1 % aus Treibhausgasen. Der Gehalt an Kohlendioxid (CO_2) beträgt aktuell rund 0,041 %. Das klingt nach vergleichsweise wenig, dennoch ist CO_2 neben dem Wasserdampf das wichtigste Treibhausgas.

Die **Hydrosphäre** ist die Gesamtheit aller Wasservorkommen auf der Erde. Hier haben vor allem die **Ozeane** eine große Bedeutung für das Klima, denn sie nehmen 71 % der Erdoberfläche ein. Wir unterscheiden die Deckschicht, das Meereis, den tiefen Ozean und die Eisschilde. Während die Deckschicht relativ schnell auf äußere Einflüsse reagiert, brauchen die gewaltigen Wassermassen im tiefen Ozean Jahrhunderte bis Jahrtausende, um sich an veränderte Bedingungen anzupassen. Das Klima der Erde wird wesentlich von den Wechselwirkungen zwischen Ozean und Atmosphäre bestimmt. Es herrscht ein ständiger Austausch von Energie und Gasen. Der Ozean nimmt Wärme auf, gibt sie bei kühleren Temperaturen wieder ab und dämpft so die Wirkung der Sonneneinstrahlung. Er kann große Mengen an CO_2 aufnehmen. Die Strömungen im Ozean sind enorm wichtig für das Klima und das Leben auf der Erde. Es gibt ein Strömungssystem, das alle drei Ozeane umfasst und durch Temperatur- und Dichteunterschiede sowie Wind angetrieben wird (Globales Förderband).

Die **Biosphäre** schließt alle auf der Erde vorkommenden Lebewesen ein. Alle Organismen sind auf bestimmte Lebensbedingungen angewiesen, sie brauchen unter anderem Wärme, Nährstoffe und Wasser. Zugleich geben sie Energie und Stoffe an ihre Umgebung ab. Für das Klima der Erde ist vor allem der Kohlenstoffkreislauf von großer

Bedeutung: Pflanzen entziehen dem Meer und der Atmosphäre CO_2 und binden es in Form von Kohlenstoffverbindungen, die anderen Organismen als Nahrung dienen. Menschen und Tiere setzen bei der Atmung wieder CO_2 frei, Bakterien bilden unter Luftabschluss Methan. Die Biosphäre beeinflusst das Klima direkt, wie man am Beispiel Wald sieht: Wälder bremsen den Wind, speichern Wasser, geben es durch Verdunstung wieder ab und kühlen damit ihre Umgebung. Große Waldflächen sind prägend für das Klima ganzer Regionen.

Die **Kryosphäre** (Eissphäre) ist der Teil des Klimasystems, in dem Wasser im gefrorenen Zustand vorliegt: Eis, Schnee, Meereis, Eisschilde, Gletscher und dauerhaft gefrorene Böden (Permafrostböden). Die Kryosphäre hat großen Einfluss auf den Energiehaushalt der Erde. Von besonderer Bedeutung ist die deutlich höhere Reflexion von Sonnenstrahlung (Albedo) durch Eisflächen im Vergleich zu Erdboden und Wasser. Während es bei Schnee und Meereis jahreszeitliche Schwankungen gibt, reagieren die Eisschilde nur sehr langsam auf äußere Einflüsse. Gletscher und Eisschilde beeinflussen den Meeresspiegel und die Zirkulation im Ozean. Der Verlust von Meereis wirkt sich direkt auf Ökosysteme im Meer und an Land aus. Dauerhaft gefrorene Böden enthalten große Mengen an Kohlenstoffverbindungen, die beim Auftauen als CO_2 und Methan freigesetzt werden. Gebirgsgletscher dienen als Wasserreservoir und versorgen viele Menschen mit Trinkwasser.

Als **Lithosphäre** werden die Erdkruste und der oberste Teil des Erdmantels bezeichnet. Hier sind vor allem die **Böden** wichtig. Sie dienen Pflanzen als Grundlage, speichern oder leiten Wasser und sind wesentlicher Teil des Kohlenstoffkreislaufs. Die Reflexion der Sonnenstrahlung ist abhängig von der Art der Böden: Heller Sand reflektiert die Sonnenstrahlung deutlich stärker als dunkle Erde. Die Landnutzung durch den Menschen hat großen Einfluss auf das Klima. Jede Veränderung in der Landbedeckung einer Region wirkt sich vor Ort aus, großflächige Brandrodungen haben Einfluss auf das Weltklima.

Der Treibhauseffekt

Bist du schon mal in einem Gewächshaus gewesen? Wenn ja, dann weißt du: Bei Sonnenschein ist es drinnen deutlich wärmer als draußen. Doch warum ist das so? Das Sonnenlicht erwärmt das Innere des Gewächshauses, wobei ein Teil der Energie gleich wieder als Wärmestrahlung abgegeben wird. Da die Glasscheiben jedoch nicht wärmedurchlässig sind, kommt es zu einem Wärmestau und einer deutlichen Erhöhung der Temperatur im Innenraum. Diesen Effekt nennen wir Treibhauseffekt.

Beim **natürlichen Treibhauseffekt** der Erde sind es die

Treibhausgase Wasserdampf, Kohlendioxid (CO_2), Methan (CH_4) und Lachgas (N_2O), die einen Teil der Wärme-Abstrahlung der Erde zurückhalten. Sie verändern also die Strahlungsbilanz der Erde. Dies führt zu einer Erwärmung und schafft die Bedingungen für das Leben, wie wir es kennen.

Was aber ist der **menschengemachte** oder **anthropogene Treibhauseffekt**? Es ist eine Verstärkung des natürlichen Treibhauseffektes um den Anteil an Treibhausgasen, die vom Menschen produziert werden. Ein Teil dieser Gase kann von Pflanzen und vom Ozean aufgenommen werden, aber immerhin 45 % des ausgestoßenen CO_2 gehen in die Atmosphäre.

Zu den natürlichen Treibhausgasen kommen fluorierte Gase hinzu (HFKW, FKW, SF_4 und NF_4), die als Treibgas, Kühl- oder Löschmittel produziert werden. Insgesamt führen die zusätzlichen Treibhausgase in der Atmosphäre zu einem Anstieg der Temperatur.

Woher kommen die Treibhausgase?

Die Zunahme an **Kohlendioxid (CO_2)** in der Atmosphäre geht vor allem auf die Verbrennung fossiler Energieträger zurück. Innerhalb weniger Jahrzehnte haben wir Kohlenstoffverbindungen, die über Millionen Jahre in Öl, Kohle und Gas gebunden waren, in Form von CO_2 freigesetzt. Landnutzungsänderungen führen ebenfalls zu mehr Treibhausgasen in der Atmosphäre. Die Brandrodung von Wäldern ist doppelt schädlich: Gebundenes CO_2 wird freigesetzt, und der Wald als natürlicher Speicher von CO_2 wird vernichtet.

Methan (CH_4) ist rund 25-mal klimawirksamer als CO_2. Es entsteht, wenn organisches Material unter Luftausschluss abgebaut wird, z. B. in den Mägen von Tieren, in Klärwerken und Mülldeponien, bei der Trockenlegung von Torfmooren und wenn Permafrostböden tauen.

Lachgas (N_2O) kommt in der Atmosphäre zwar nur in Spuren vor, ist aber 298-mal so klimawirksam wie CO_2. Es gelangt über stickstoffhaltigen Dünger und Massentierhaltung sowie chemische Prozesse in der Industrie in die Luft.

Der Anteil an **fluorierten Gasen (HFKW, FKW, SF_4, und NF_4)** ist gering, aber aufgrund ihrer langen Verweildauer in der Atmosphäre sind sie 100- bis 24 000-mal klimawirksamer als CO_2.

Methan, Lachgas und fluorierte Gase werden oft entsprechend ihrer Klimawirksamkeit in sogenannte **CO_2-Äquivalente (CO_{2eq})** umgerechnet.

Vor allem das Wirtschafts- und Bevölkerungswachstum auf der Erde muss als Ursache dafür gesehen werden, dass immer mehr Treibhausgase in die Atmosphäre abgegeben werden. Unser Wirtschaftssystem, unser Wirtschaftswachstum und der damit verbundene Wohlstand sind eng mit der **Nutzung fossiler Energieträger** verbunden. Wir brauchen **Öl**, **Gas** und **Kohle** für **Stromerzeugung**, **Wärme** und **Verkehr**. Steigender **Fleischkonsum** führt zu mehr **Massentierhaltung** und zur **Vernichtung von Regenwald**, der abgeholzt wird, um Weideflächen zu schaffen und Futtermittel anzubauen. Regenwälder werden zudem zerstört, um die enorme Nachfrage nach **Palmöl** zu decken, das in Biodiesel und vielen unserer Supermarktprodukte steckt. Der steigende **Bedarf an Lebensmitteln** führt zu immer **intensiverer Landnutzung**. Der Anteil an den weltweiten CO_2-Emissionen durch **Tourismus, weltweiten Warenhandel** und **Internet** hat in den letzten Jahren ständig zugenommen. Wenn wir genauer hinsehen, dann sind es nicht nur Wirtschafts- und Bevölkerungswachstum, die für die steigenden Emissionen verantwortlich sind. Ganz entscheidend sind Lebensstil und Konsumverhalten.

Das Klima der Vergangenheit

Woher weiß man, dass die mittlere Temperatur und der CO_2-Gehalt nicht aufgrund von natürlichen Schwankungen angestiegen sind? Um das beurteilen zu können, müssen die Wissenschaftler weiter in die Vergangenheit schauen, als es Wetteraufzeichnungen gibt. Dafür greifen sie auf natürliche Klimaarchive der Erde zurück. Sie bohren z. B. Eisschilde an und holen Eisbohrkerne nach oben, in denen die Luft vergangener Zeiten eingeschlossen ist. Daraus bestimmen sie unterschiedliche Parameter und können so Temperatur und CO_2-Gehalt im Zeitverlauf rekonstruieren. Durch diese Untersuchungen wissen wir, dass die ungewöhnlich schnell verlaufende Temperaturzunahme seit Beginn der Industrialisierung außerhalb der natürlichen Schwankungen liegt und nur durch den menschlichen Einfluss erklärbar ist. Die CO_2-Konzentration in der Atmosphäre ist heute so hoch wie noch nie in den letzten 800 000 Jahren.

Der wissenschaftliche Konsens

Die Hauptursache des Klimawandels ist der menschengemachte Treibhauseffekt. Darin und in weiteren Grundfragen zum Klimawandel herrscht in der Fachwelt Einigkeit, wie etliche Studien nachgewiesen haben. Die Übereinstimmung von Forschungsergebnissen wird in der Wissenschaft **Konsens** genannt. Oft wird im Zusammenhang mit Klimafakten von einem **97-%-Konsens** gesprochen, weil in diesen Studien im Schnitt eine Übereinstimmung von 97 % festgestellt wurde. Andere Studien zeigen: Je höher der Sachverstand einer Person ist, desto größer ist ihre Übereinstimmung mit dem Konsens. Oder umgekehrt: Je weniger eine Person von der Klimaforschung versteht, desto eher zweifelt sie Grunderkenntnisse an.

Klimamodelle

Um etwas so Komplexes wie das Klima untersuchen und Entscheidungen für die Zukunft treffen zu können, haben Wissenschaftler **Klimamodelle** entwickelt, mit denen die wichtigsten Elemente, Prozesse und Wechselwirkungen im Klimasystem abgebildet werden. Dank immer leistungsfähigerer Großrechner und neuer Erkenntnisse sind die Klimamodelle heute in der Lage, verlässliche Aussagen über künftige Klimaverhältnisse zu treffen. Die Ergebnisse der Klimamodellrechnungen dienen in Politik und Wirtschaft als wichtige Entscheidungsgrundlage.

Rückkopplungseffekte, Kippelemente und Kettenreaktionen

Im Zusammenhang mit dem Klima sind mit **Rückkopplungseffekten** klimatische Veränderungen gemeint, die sich selbst verstärken. Ein Beispiel ist die **Eis-Albedo-Rückkopplung**: Schmelzen Eis- und Schneeflächen, verringert sich die Reflexion von Sonnenlicht. Gleichzeitig verstärkt sich die Erwärmung der Luft, des Wassers und des Bodens, weil die dunkleren Flächen mehr Sonnenlicht aufnehmen und als Wärmestrahlung wieder abgeben. Insgesamt wird dadurch der Abschmelzvorgang von Eis und Schnee weiter beschleunigt.

Viele Menschen gehen davon aus, dass sich das Klima allmählich erwärmt und die Folgen nach und nach auftreten, doch so funktioniert es nicht. An bestimmten Stellen können schon geringe äußere Einflüsse besonders starke oder sogar abrupte Klimaänderungen hervorrufen. Man nennt solche Stellen **Kippelemente.** Wenn der **Kipppunkt** erreicht wird, schaltet sich das System um wie ein Schalter. Dann kann man den alten Zustand nicht einfach wiederherstellen, indem man die Ursachen für das Umkippen rückgängig macht. Manche dieser Kipppunkte könnten bereits im Laufe des 21. Jahrhunderts überschritten werden, und es gibt Anzeichen dafür, dass einige sogar schon überschritten sind. Forscher haben 16 solcher Kippelemente auf der Erde ausgemacht. Sie warnen vor möglichen **Kettenreaktionen**. Im schlimmsten Fall kann sich die Erwärmung der Erde unkontrollierbar verstärken.

Was die Weltgemeinschaft vereinbart hat ...

Seit 1988 gibt es den **Weltklimarat** (*Intergovernmental Panel on Climate Change*, **IPCC**). In seinem Auftrag tragen Wissenschaftler weltweit den aktuellen Stand zum Klimawandel zusammen und bewerten diesen anhand anerkannter Veröffentlichungen. Alle sechs bis sieben Jahre verfasst das

IPCC einen **Sachstandsbericht**, außerdem werden themenbezogene **Sonderberichte** erstellt. Diese Berichte sind die wichtigste Grundlage für klimapolitische Entscheidungen auf der ganzen Welt.

Die **Klimarahmenkonvention** (*United Nations Framework Convention on Climate Change*, **UNFCCC**) ist das multilaterale, also internationale Klimaschutzabkommen der Vereinten Nationen. Oberstes Entscheidungsgremium ist die jährlich stattfindende **UN-Klimakonferenz** (*Conference of the Parties*, **COP**).

Bei der 21. UN-Klimakonferenz in Paris im Dezember 2015 beschlossen die Mitgliedsstaaten das **Übereinkommen von Paris** (*Paris Agreement*). Sie verpflichteten sich, die Erderwärmung auf deutlich unter 2 °C, möglichst auf 1,5 °C zu begrenzen sowie spätestens in der zweiten Hälfte des Jahrhunderts weltweit Treibhausgasneutralität zu erreichen. Das IPCC wurde gebeten, die Folgen der Erderwärmung bei 2 °C und 1,5 °C zu vergleichen.

2018 kam das IPCC in seinem **Sonderbericht 1,5 °C globale Erwärmung** zu dem Schluss, dass bereits bei einer globalen Erwärmung um 1,5 °C erhebliche Klimafolgen eintreten und die Risiken des Klimawandels für Mensch und Natur sogar noch größer sind als bisher angenommen. Wenn die globale Erwärmung mit der aktuellen Geschwindigkeit weiter zunimmt, erreichen wir die 1,5 °C wahrscheinlich zwischen 2030 und 2052. Die Forscher gehen davon aus, dass wir das 1,5-Grad-Ziel nur durch eine schnelle und deutliche Reduzierung der Treibhausgasemissionen in allen Sektoren erreichen können und insgesamt nur noch maximal 420 Gigatonnen CO_2 emittiert werden dürfen (**globales CO_2-Restbudget**, Stand 2018). Außerdem müsste CO_2 in sehr großem Umfang aus der Erdatmosphäre entfernt werden. Die weltweiten Treibhausgas-Emissionen müssten bis 2030 um 45 % im Vergleich zu 2010 sinken. Bis 2050 müssten sie auf **Netto-Null** sinken. Wenn all das gelänge, würden die Auswirkungen der 1,5-Grad-Erhöhung aber immer noch für einen sehr langen Zeitraum bestehen bleiben.

Um die globale Temperatur konstant zu halten, müsste die Menge CO_2, die in die Atmosphäre abgegeben wird, gleich der Menge sein, die entfernt wird (jeweils durch menschliche Aktivitäten). Dieser Gleichgewichtszustand wird als **Netto-Null-Emissionen** oder **Treibhausgasneutralität** bezeichnet.

… und wie die Ziele bisher umgesetzt wurden

Die bisher geplanten Klimaschutzmaßnahmen reichen nicht aus, um die Ziele des Pariser Abkommens zu erreichen. Selbst wenn die Staaten weltweit ihre bisher vorgelegten Klimaschutzmaßnahmen umsetzten, würde die globale

Erwärmung 2 °C übersteigen. Doch halten die Länder ihre bisherigen Zusagen ein? Eine Antwort gibt uns der **Klimaschutz-Index** (KSI), eine jährliche Studie, in der die Klimaschutzleistungen von den Staaten, die für 90 % der globalen Treibhausgasemissionen verantwortlich sind, bewertet werden. Neben den Treibhausgasemissionen fließen auch der Anteil an erneuerbaren Energien, der Energieverbrauch und die Klimapolitik in die Bewertung ein. Die Aussage im KSI 2020 ist deutlich:

Kein Land der Erde unternimmt genug, um die Grenze von deutlich unter 2 °C einhalten zu können.

Daher bekommt keines der bewerteten Länder die Note *sehr gut*, die ersten drei Plätze bleiben frei.

Die letzte Bewertung wurde im Dezember 2019 vorgenommen, bevor durch die Corona-Pandemie weltweit die Produktionen, Verkehr und andere klimarelevante Aktivitäten reduziert wurden. Zum Zeitpunkt der Veröffentlichung dieses Buches können die Folgen auf die Entwicklung der Treibgasemissionen noch nicht abgeschätzt werden.

Deutschlands Klimaziele

In Deutschland wird bereits seit 2002 das politische Ziel verfolgt, den CO_2-Ausstoß bis 2020 um 40 % gegenüber 1990 zu senken. Auch der **Klimaschutzplan 2050** vom November 2016, mit dem Deutschland das Pariser Abkommen umsetzt, sieht für 2020 die Reduktion der CO_2-Emissionen um 40 % vor. Trotz aller Aktionsprogramme ging selbst die Bundesregierung im Klimaschutzbericht 2018 davon aus, dass das deutsche **Klimaziel 2020** verfehlt werde. Eine Studie berechnete, es werde mit einer Verspätung von mindestens fünf Jahren erreicht werden. Durch die verringerten Emissionen während der Corona-Pandemie besteht wieder Hoffnung, dass das Klimaziel erreicht wird. Allerdings ist dieser Erfolg nicht auf nachhaltige Maßnahmen zurückzuführen.

Deutschlands Klimapolitik ist eingebettet in die **Klimapolitik der Europäischen Union**. Für 2020 wurde der Entwurf eines europäischen Klimagesetzes angekündigt (Stichwort: *European Green Deal*).

Im Oktober 2019 beschloss die Bundesregierung ein weiteres Maßnahmenpaket zur Reduktion von Treibhausgasemissionen, das **Klimaschutzprogramm 2030**, auch **Klimapaket** genannt. Im Dezember 2019 wurde das **Bundes-Klimaschutzgesetz** verkündet, mit dem verbindlich als **Klimaziel 2030** die Reduktion auf 55 % (gegenüber 1990) und die Treibhausgasneutralität bis 2050 festgeschrieben werden. Die beschlossenen Maßnahmen wurden von vielen Kritikern aus Wissenschaft, Politik, Umweltverbänden, Klimaschutzbewegungen und der Wirtschaft als unzureichend eingestuft, es wurde sogar Verfassungsbeschwerde gegen das Klimaschutzgesetz eingereicht. Eine von der Bundesregierung in Auftrag gegebene Studie zur Treibhausgasminderung durch das Klimaschutzprogramm 2030 kommt zu dem Schluss, dass die beschlossenen Maßnahmen nicht ausreichen.

Fridays for Future

Am 20. August 2018 saß Greta Thunberg zum ersten Mal mit ihrem Plakat mit der Aufschrift »Skolstrejk för klimatet« (deutsch: Schulstreik fürs Klima) vor dem schwedischen Parlament. Wir wissen alle, wie es weiterging. Seither haben sich weltweit Gruppen gebildet und der von ihr ins Leben gerufenen **Fridays for Future-Bewegung (Fridays4-Future, FFF)** angeschlossen. Millionen Menschen sind auf die Straße gegangen, haben für nachhaltigen Klimaschutz demonstriert und von der Politik die Einhaltung der Vereinbarungen von Paris gefordert.

FFF wurde von Beginn an von Klimawissenschaftlern unterstützt, in der Folge wurden die Bewegungen **Scientists for Future, Parents for Future** und **Artists for Future** gegründet. Durch die Demonstrationen, die Auftritte der FFF-Vertreterinnen und die Unterstützung vor allem durch Scientists for Future gelang es 2019, die öffentliche Aufmerksamkeit für Klimawandel und Klimaschutz in nur wenigen Monaten auf ein nie gekanntes Ausmaß zu steigern.

Dies sind die aktuellen Forderungen von FFF:

- Netto-Null 2035 erreichen
- Kohleausstieg bis 2030
- 100 % erneuerbare Energieversorgung bis 2035
- Sofort: das Ende der Subventionen für fossile Energieträger
- Sofort: ¼ der Kohlekraft abschalten
- Sofort: eine CO_2-Steuer auf alle Treibhausgasemissionen. Der Preis für den Ausstoß von Treibhausgasen muss schnell so hoch werden wie die Kosten, die dadurch uns und zukünftigen Generationen entstehen. Laut UBA sind das 180 € pro Tonne CO_2.

Auszug aus der **Stellungnahme von Scientists for Future**: »Die jungen Menschen fordern zu Recht, dass sich unsere Gesellschaft ohne weiteres Zögern auf Nachhaltigkeit ausrichtet. Ohne tief greifenden und konsequenten Wandel ist ihre Zukunft in Gefahr. Dieser Wandel bedeutet unter anderem: Wir führen mit neuem Mut und mit der notwendigen Geschwindigkeit erneuerbare Energiequellen ein. Wir setzen Energiesparmaßnahmen konsequent um. Und wir verändern unsere Ernährungs-, Mobilitäts- und Konsummuster grundlegend.«

Wie das 1,5-Grad-Ziel erreichen?

Uns läuft die Zeit davon. Wir können uns kein Zögern und keine halbherzigen Entscheidungen mehr leisten. Die politischen Ziele werden bisher nicht eingehalten, technische Lösungen reichen (noch) nicht, ein großer Teil der Bevölkerung macht weiter wie bisher, und es gibt noch viel zu wenig Industrieunternehmen, die sich dem Klimaschutz verpflichten.

Wir brauchen aber alle, um das 1,5-Grad-Ziel zu erreichen: Politik, Wirtschaft und Bürger. Wir alle können nachhaltig verbrauchen oder verzichten, wählen oder demonstrieren, privat, öffentlich oder politisch mitgestalten, Bewusstsein fördern, Geld für Klimaschutzmaßnahmen ausgeben oder spenden.

Kein Aber! Es gibt keine Alternative. Wir alle müssen handeln.

Fake – Das sollte dich skeptisch machen

Wie kann es sein, dass immer noch Menschen den Klimawandel leugnen, wenn 97 % der Klimawissenschaftler sich in ihrer Einschätzung einig sind? Was hat die Wahrnehmung des Klimawandels mit unseren Bedürfnissen zu tun? Und warum werden Klimaschützer beschimpft, verleumdet oder sogar bedroht? Wenn du dich einmischen willst, solltest du gewappnet sein.

Wunsch und Wirklichkeit

»Man müsste mehr tun«, stimmt dein Sitznachbar dir zu, »aber den Statistiken zum Klimawandel kann man sowieso nicht trauen. Da kann jeder einfach was ins Netz stellen.« Eine Ausrede, um sich nicht wirklich mit dem Thema zu beschäftigen. Natürlich kann jeder was ins Netz stellen, aber wir können auch gründlich recherchieren und uns zuverlässige Quellen suchen. Oft genug wischen wir nur auf unserem Smartphone herum und überfliegen Headlines, ohne allzu sehr in die Tiefe zu gehen. Der Klimawandel ist eben nur eines von vielen Themen, mit denen wir uns in unserem Alltag beschäftigen.

Selbst wenn wir viel darüber wissen, heißt das noch lange nicht, dass wir auch klimafreundlich handeln. In einer repräsentativen Umfrage im Juni 2019 sagten 74 % der Befragten, für sie wäre es in Ordnung, auf Kurzstreckenflüge zu verzichten. 63 % würden »deutlich« weniger Fleisch essen und 56 % das Auto in Innenstädten stehen lassen. Trotzdem sank die Zahl der Inlandsflüge von 2017 auf 2018 nur um 0,8 %, der Fleischkonsum bleibt seit Jahren konstant, und der Pkw-Verkehr hat zwischen 1995 und 2017 um knapp 18 % zugenommen. Es nützt aber nichts, wenn die Mehrheit zwar für Klimaschutz ist, aber wenig tut.

Doch wie schaffen wir es, uns selbst und andere dazu zu bewegen, etwas zu tun? Dazu müssen wir erst einmal verstehen, was in den Köpfen vor sich geht, in unseren und in denen der anderen.

Die Bedürfnispyramide

Wir Menschen sind wie alle Lebewesen aufs Überleben programmiert. Dazu müssen erst einmal unsere **Grundbedürfnisse** befriedigt werden. Wenn wir Hunger haben, wollen wir essen, ganz einfach. Dann bestellen wir vielleicht beim Lieferservice, obwohl uns eigentlich klar ist, dass der Burger vermutlich kein Öko-Fleisch enthält und die Kunststoffverpackung, in der er geliefert wird, die Umwelt belastet.

In der sozialpsychologischen Theorie der **Bedürfnispyramide** (Maslows' Bedürfnishierarchie) werden die Bedürfnisse der Menschen in fünf Ebenen eingeteilt. Sind die Grundbedürfnisse weitgehend befriedigt, tauchen **Sicherheitsbedürfnisse** auf. Da geht es um körperliche und seelische Sicherheit, materielle Grundsicherung, Arbeit, Wohnung, Familie und Gesundheit. Zu den Sicherheitsbedürfnissen zählt auch das Bestreben, jedes Phänomen zu erklären und Zusammenhänge aufzudecken. Eigentlich sollte es uns also ein wichtiges Bedürfnis sein, den Klimawandel zu verstehen und uns möglichst klimafreundlich zu verhalten. Doch das Thema ist so komplex, dass viele Menschen sich mit einfachen Erklärungen beruhigen. Sie sagen zum Beispiel: »Die Weltbevölkerung ist schuld, wir sind einfach zu viele Menschen auf der Erde.« Damit haben sie eine scheinbar logische und nachvollziehbare Begründung, dazu können sie nichts an der Ursache ändern, und schon haben sie sich selbst die Erlaubnis erteilt, einfach weiterzumachen wie bisher.

Als Nächstes folgen die **sozialen Bedürfnisse**. Wir brauchen Familie, Freundschaft, Unterstützung, Beziehung und Liebe. Wir wollen uns austauschen und dazugehören. Heute werden viele der sozialen Bedürfnisse über soziale Medien befriedigt. Das ist super, wenn wir dabei Gleichgesinnte finden, korrekte Informationen teilen und offen bleiben für andere Meinungen. Es birgt aber auch Gefahren, mehr dazu findest du auf den Seiten 41 und 45.

Laut Bedürfnispyramide folgen auf der nächsten Stufe

die **Individualbedürfnisse**. Da geht es um den Wunsch nach Stärke, Erfolg, Unabhängigkeit und Freiheit. Wir haben das Bedürfnis, von anderen anerkannt und wertgeschätzt zu werden.

Wenn ein großer Teil der bisher geschilderten Bedürfnisse befriedigt ist, geht es um **Selbstverwirklichung**, also das Bestreben der Menschen, ihr Potenzial auszuschöpfen, kreativ zu sein, sich weiterzuentwickeln und dem eigenen Leben einen Sinn zu geben.

Die Bedürfnispyramide erklärt, warum wir manchmal in einer Weise handeln, die wir später nicht mehr nachvollziehen können. Oft werden wir sogar gezielt manipuliert, wenn uns die Werbung beispielsweise Bedürfnisse einredet, die wir gar nicht haben. Doch je mehr uns das bewusst ist, desto weniger sind wir für Manipulation anfällig. Vor allem hilft uns das Wissen um die Bedürfnisse, wenn wir andere Menschen besser verstehen wollen.

Unser Gehirn ignoriert den Klimawandel

»Erinnert ihr euch an den September im letzten Jahr?« »Na klar, es war heiß und trocken, auf der Demo haben wir T-Shirts getragen.« So oder so ähnlich lautet die Antwort auf die Frage nach dem Wetter oder einzelnen Wetterphänomenen. Wetter nehmen wir mit allen Sinnen wahr, deshalb erinnern wir uns gut daran. Klima dagegen ist nicht unmittelbar wahrnehmbar, weil es sich um statistische Werte handelt (siehe Seite 12). Solange wir nicht selbst betroffen sind, spüren wir keine direkte Bedrohung. Auch wenn unser Verstand uns sagt, dass in der Zukunft eine Gefahr auf uns zukommt, meldet unsere Wahrnehmung Entwarnung: Es geht uns gerade gut, alles ist okay. Doch die letzten Sommer waren in Deutschland tatsächlich sehr heiß und trocken. Unter anderem deshalb ist das Bewusstsein für den Klimawandel bei uns deutlich gestiegen.

Das Wissen um den Klimawandel kann überwältigend sein. Das Thema ist nun mal sehr komplex, und die Prognosen für unsere Zukunft sind äußerst bedrohlich. Viele, die den Klimawandel leugnen, tun dies nicht aus ideologischen Gründen. Sie sind schlicht überfordert, oder der Klimawandel macht ihnen Angst, deshalb blenden sie das Thema aus.

Sich klimafreundlich zu verhalten, kann stressig sein: Wir müssen täglich unzählige Entscheidungen treffen, dabei ist uns oft nicht klar, welche die richtigen sind. Und wenn wir nicht wissen, wie wir uns verhalten sollen, handeln wir lieber gar nicht.

Dann sind da noch die sozialen Normen. Wir orientieren uns daran, wie sich andere Menschen um uns herum verhalten. Fliegen alle unsere Freunde in Urlaub und berichten stolz von ihren Fernreisen, ist das für uns normal. Im Gegenteil sind wir vielleicht die Außenseiter und verderben nebenbei die Stimmung, wenn wir jetzt einwerfen, dass wir klimaschonend durch den heimischen Wald gewandert sind. Ähnlich einflussreich wie die sozialen Normen sind Vorbilder, wie zum Beispiel die Influencerin, die auf vegane Ernährung umgestiegen ist.

Es ist also oft unser eigenes Gehirn, das uns ausbremst. Zum Glück können wir etwas dagegen unternehmen! Auf Stress können wir reagieren, indem wir simple Regeln für unser Leben aufstellen und mit kleinen Schritten beginnen. Soziale Normen sind nicht in Stein gemeißelt, wir können sie beeinflussen oder uns Gruppen anschließen, die nach den gleichen Werten leben wie wir. Vielleicht werden wir sogar selbst zum Vorbild, indem wir uns klimafreundlich verhalten und darüber reden. Je mehr der Klimawandel thematisiert wird, desto eher wird die Bedrohung wahrgenommen.

Wenn wir Forderungen an Politiker stellen, sollten wir unbedingt die menschlichen Bedürfnisse und Verhaltensmuster berücksichtigen. Verbote allein können schnell zu einer Abwehrhaltung führen. Die meisten Menschen ändern ihr Verhalten erst, wenn es die richtigen Anreize gibt und Hindernisse beseitigt sind.

Paradox: Gerade die »Umweltbewussten« produzieren häufig viel CO_2

Wenn wir Verpackungsmüll in die gelbe Tonne füllen, fühlen wir uns oft richtig gut. Alles aufgeräumt, perfekt getrennt – das macht längst nicht jeder so zuverlässig. In diesem Moment läuft in unserem Gehirn das **Belohnungssystem** an. Es schüttet Dopamin aus, und sofort fühlen wir uns glücklich und zufrieden. Wir sind Umweltschützer, schließlich trennen wir den Abfall. Außerdem kaufen wir regelmäßig im Bioladen ein und sind vielleicht ein bisschen stolz auf uns, weil wir dafür extra in die Stadt fahren.

Doch schützen wir die Umwelt wirklich, wenn wir uns so verhalten? Wäre es nicht besser, wir würden Obst und Gemüse lose auf dem Markt beim Bauern aus der Umgebung kaufen, damit keine Verpackung anfällt und die Wege kurz sind?

Nach einer Studie des **Umweltbundesamts** (UBA) hängt der Verbrauch von Energie und Ressourcen in erster Linie vom Einkommen ab, und zwar unabhängig davon, ob sich jemand als umweltbewusst einschätzt oder nicht. Vor allem Fernflüge, das Auto, der Dämmstandard der Wohnung und deren Größe sowie der Konsum von Fleisch entscheiden darüber, ob jemand über oder unter dem CO_2-Durchschnittsverbrauch liegt. Personen mit hohem Umweltbewusstsein haben nicht zwangsläufig eine gute persönliche Ökobilanz.

Viele Menschen glauben, wenn sie sich sonst immer richtig verhalten, können sie einmal im Jahr in Urlaub fliegen oder eine Kreuzfahrt machen, ohne Schaden anzurichten. Oft schätzen sie das völlig falsch ein oder betrügen sich sogar selbst. Wer es genauer wissen will, kann seine Daten im **CO_2-Rechner** des **UBAs** eintragen und seinen persönlichen **CO_2-Fußabdruck** berechnen lassen.

Den CO_2-Rechner des Umweltbundesamtes findest du unter https://uba.co2-rechner.de.

Und wenn man doch fliegen oder eine Kreuzfahrt machen möchte? Viele Umweltbewusste zahlen einen CO_2-Kompensationsbeitrag und spenden damit Geld für Umweltschutzprojekte. Das ist natürlich besser, als nichts zu tun. Kritische Stimmen warnen allerdings davor, dass man sich mit Geld ein gutes Gewissen erkaufen und nicht langfristig seinen Lebensstil ändern und klimafreundlich handeln würde. Außerdem stellt nicht jedes verfügbare Angebot zur Kompensation von Treibhausgasen den Ausgleich tatsächlich vollständig sicher. Die erste Überlegung sollte daher immer sein, ob man auf den Flug oder die Kreuzfahrt verzichten kann.

Greenwashing & Umweltsiegel

Wenn ein Produkt oder eine Marke mit einem Umweltversprechen verbunden wird, solltest du zumindest skeptisch sein. Häufig ist **Greenwashing** im Spiel, das sind Tricks von Werbestrategen, die Produkten oder Unternehmen ein positives Image verschaffen sollen. Oft werden einzelne umweltfreundliche Aspekte betont und die negativen Auswirkungen verschwiegen.

Mittlerweile finden wir so viele **Güte-** oder **Prüfsiegel** auf den Produkten, dass man den Überblick rasch verlieren kann. Dabei ist der Begriff »Bio« geschützt, und viele der Siegel sind an die Einhaltung strenger Auflagen gebunden. In diesen Fällen können wir also wirklich von einem umweltverträglichen Produkt ausgehen. Doch was ist, wenn wir auf ein Siegel treffen, das wir nicht kennen? Der **Naturschutzbund Deutschland (NABU)** hat eine App entwickelt, mit der man Siegel beim Einkauf scannen und checken kann: **NABU Siegel-Check**.

Bis zur nächsten Wahl

Wir leben in einer Demokratie. Nach unserem Verständnis soll der Wille der Bevölkerung durch die Politik abgebildet werden. Die Politiker stehen zwar nur alle vier Jahre zur Wahl, aber im Grunde wissen sie durch Umfragen ständig, wie ihre Arbeit in der Bevölkerung ankommt. Das erschwert es für die Regierenden, unpopuläre Entscheidungen zu treffen, die aber notwendig sind, um unser Überleben langfristig zu sichern. Wenn sie einschneidende Maßnahmen zur Rettung des Klimas beschließen, besteht die Gefahr, dass viele Wähler sich den Politikern zuwenden, die den Klimawandel verharmlosen. Hinzu kommt, dass die Zeiträume zur Erreichung der Klimaziele meist über die aktuelle Regierungsphase hinausgehen. Es müssen also jetzt große Anstrengungen unternommen werden, damit eine existenzielle Bedrohung in der Zukunft abgewendet werden kann. Diese Situation ist neu, und es ist fraglich, ob unser politisches System ausreichend darauf vorbereitet ist.

Wir stehen am Beginn einer globalen Katastrophe, Grund genug, um unsere bisherige Politikkultur zu überdenken. Ein erster Schritt könnte sein, jungen Menschen mehr politische Teilhabe zu ermöglichen, indem z. B. das **Wahlalter** herabgesetzt wird. Tatsächlich wird diese Option derzeit in einigen Parteien diskutiert.

Skeptiker und Leugner

Die Fakten sind klar und eindeutig, die Fachwelt ist sich einig. Trotzdem gibt es immer noch viele Klimawandel-Skeptiker oder -Leugner. Einige akzeptieren den Temperaturanstieg und zweifeln an der Ursache Mensch, andere glauben an natürliche Temperaturschwankungen. Wieder andere finden, wir sollten uns einfach anpassen. Und dann gibt es noch die, die komplett leugnen, dass sich die Temperatur auf der Erde verändert hat.

Wie wir mit dem Wissen um den Klimawandel umgehen, hängt stark von unserem ideologischen Standpunkt und der Art, wie wir Informationen aufnehmen, ab. Neue Informationen vergleichen wir mit dem, was wir schon wissen. Wir filtern und prüfen, ob es mit unseren Werten und sozialen Normen übereinstimmt. Als »Wahrheit« wird abgespeichert, was dieser Prüfung standhält. Alles andere wird eher verdrängt oder bezweifelt. Psychologen bezeichnen diese Vorgehensweise als **Bestätigungsfehler** oder **Bestätigungsverzerrung** (*confirmation bias*).

Hinzu kommt der **Bumerang-Effekt** (*backfire-Effekt*): Sind wir von einer Sache überzeugt und jemand will uns anhand von Fakten vom Gegenteil überzeugen, glauben wir oft gegen jede Vernunft noch stärker an unsere Überzeugung. Das passiert vor allem, wenn dieses »falsche Wissen« sich über lange Zeit angesammelt hat und eng mit unseren Gefühlen und unserer persönlichen Geschichte verknüpft ist. Fatal: Wiederholt dieser Jemand unser »falsches Wissen«, um es zu widerlegen, setzt es sich umso mehr in unseren Köpfen fest.

Wer sich in einem Umfeld befindet, in dem das Leugnen oder Verharmlosen des Klimawandels zur Norm gehört, wird sich durch die vielen Diskussionen darüber erst recht bestätigt sehen. Verknüpft sich diese Person mit Gleichgesinnten im Netz, bekommt sie immer mehr Falschmeldungen und Gerüchte angezeigt. Die sozialen Medien ermitteln algorithmisch, welche Informationen der Benutzer sehen will, und zeigt nur diese an. Das nennt man **Filter-** oder **Informationsblase**. Andere Informationen dringen nicht mehr in die Blase vor, das »falsche Wissen« verstärkt sich immer mehr und führt zu einer Verengung der Weltsicht. Diese Entwicklung wird als **Echokammer-Effekt** bezeichnet.

Dann helfen meist keine neuen wissenschaftlichen Erkenntnisse oder Aufklärungskampagnen. Im Gegenteil wird den Wissenschaftlern oder Aufklärern eher unterstellt, sie würden aus bestimmten Motiven heraus lügen. Oft werden die Diskussionen sehr emotional geführt, schließlich geht es um das gesamte Weltbild, das infrage gestellt wird.

Dazu gibt es Klimawandel-Leugner, die ein wirtschaftliches Interesse daran haben, andere zu manipulieren. Zum einen versuchen private Seitenbetreiber über reißerische Phrasen und Überschriften Klicks zu sammeln, um die Werbeeinnahmen für ihre Seiten zu erhöhen. Man nennt das **Clickbaiting** (engl. *bait* = Köder). Zum anderen gibt es eine Szene von organisierten Klimawandel-Leugnern, die mit dem Leugnen des Klimawandels Geld verdienen, indem sie sich ihre Kampagnen von Interessengruppen finanzieren lassen. Sie streuen Gerüchte, verbreiten **Fake News** (siehe Seite 45), schüren Zweifel, stiften Verwirrung, beeinflussen gezielt Personengruppen – alles in der Hoffnung, dass irgendwas hängen bleiben wird. Und tatsächlich setzt sich das »falsche Wissen« oft hartnäckig fest und beeinflusst Menschen in ihren Entscheidungen. Besonders schwerwiegend ist das, wenn es bei Politikern und anderen wichtigen Entscheidungsträgern passiert, schließlich sollen sie ihre Entscheidungen auf der Basis von Fakten treffen.

Die Macht der Wörter

Wie klingt »Erderwärmung« für dich? Vielleicht denkst du an Sommer und wohlige Wärme. Dagegen klingt »Erderhitzung« eher nach Fieber oder Krankheit. Auch das Wort »Klimawandel« wirkt neutral, schließlich gab es schon immer Wandel, und der muss nicht immer schlecht sein. Sprache hat großen Einfluss auf unser Denken, sie gibt einen Rahmen vor, in dem Begriffe gedeutet werden. In diesem Zusammenhang wird deshalb von **Framing** (engl. *frame* = Rahmen) gesprochen. Schon länger diskutieren Journalisten darüber, ob die bisher verwendeten Begriffe ausreichen, um die dramatischen Klimaveränderungen zu beschreiben. 2019 hat die Redaktion der britischen Zeitung

The Guardian beschlossen, ihre Sprache in Bezug auf Klimaberichterstattung grundlegend zu ändern: Statt »Klimawandel« soll künftig »Klimanotfall« oder »Klimakrise« bevorzugt genutzt werden, statt von »globaler Erwärmung« soll von »globaler Erhitzung« die Rede sein.

Sprache wirkt oft unbewusst, das machen sich auch diejenigen zunutze, die uns manipulieren wollen. Wenn von »Klima-Hysterie«, »Klima-Wahnsinn« oder »Klima-Angstmache« die Rede ist, schwingt eine starke Wertung mit, die bewusst gewählt wird. Drückt sich jemand so manipulativ aus, sollte dich das skeptisch machen.

Fake News

Ein Bild im Netz zeigt einen Straßenzug voller Müll, im Kommentar dazu steht, dies sei die Hinterlassenschaft einer Fridays-for-Future-Demonstration. Faktenchecker decken auf: Das Bild wurde Jahre zuvor nach einer Techno-Parade gemacht. Wenn bewusst falsche Informationen verbreitet werden, nennt man das **Fake News** oder **Hoax**. *Fake News* sehen oft aus wie Meldungen in seriösen Nachrichtenmagazinen, sie berufen sich auf Institute wie die NASA, als Verfasser werden oft Personen mit Doktortitel angegeben. Manchmal greifen sie reale Ereignisse auf und stellen sie verzerrt dar, sodass ein kleiner Kern Wahrheit enthalten bleibt. Dann kann es sogar passieren, dass Journalisten oder

Presseagenturen sie irrtümlich für wahr halten und weiterverbreiten. Selbst wenn der Irrtum schnell aufgedeckt und die Darstellung korrigiert wird, kann niemals ganz zurückgenommen werden, was einmal durchs Netz geistert.

Wie kannst du dich vor Fake News zum Thema »Klimawandel« schützen? Der beste Schutz ist ein solides Grundverständnis für die Ursachen und Folgen des Klimawandels. Dann hast du meist schon ein gutes Gespür dafür, welche Nachricht echt oder unecht ist. Vorsichtig solltest du sein, wenn Überschriften reißerisch wirken oder offensichtlich provozieren. Das Gleiche gilt bei wertenden und unsachlichen Texten oder wenn unterstellt wird, die Öffentlichkeit würde von offizieller Stelle belogen. Am besten bleibst du erst mal ruhig und nimmst dir Zeit für ein paar Checks:

- **Herkunfts-Check**: Wer hat den Artikel geschrieben? Gibt es den Autoren überhaupt, ist er wirklich Klimaforscher oder Journalist? Stammt die Meldung aus einer bekannten Zeitung, oder wurde vielleicht einfach ein Zeitungsname erfunden? Hat die Seite ein Impressum? Seriöse Seiten verschleiern ihre Herkunft nicht.
- **Vergleichs-Check**: Wird die Nachricht auch noch über andere bekannte Medien verbreitet?
- **Fakten-Check**: Werden Zahlen und Fakten belegt? Welche Informationsquellen werden genannt? Sind die Quellen seriös?

- **Bilder-Check**: Zeigen Bilder und Videos wirklich das, was in der Meldung steht? Wurde das Foto an dem angegebenen Ort aufgenommen? Werbetafeln, Verkehrsschilder oder Autokennzeichen geben vielleicht Hinweise. Über die Google-Bildersuche kannst du ein Bild hochladen, um zu sehen, woher es stammt.
- **Profil-Check**: Bevor du einen Post oder Tweet teilst, solltest du dir das Profil des Absenders anschauen. Wie lange gibt es das Profil schon, welche Beiträge wurden bisher geteilt? Wer sind die Follower oder Freunde?
- **Faktenchecker-Check**: Inzwischen gibt es journalistische Angebote, die dabei helfen, Fake News zu entlarven. Wenn man den Titel eines Artikels in die Suchmaschine eingibt, erfährt man meist schnell, ob er bereits von unabhängigen Journalisten geprüft wurde. Du kannst auch direkt suchen, z. B. bei *Faktenfinder* von Tagesschau.de, mimikama.at oder hoaxsearch.com.

5 Klimamythen, die du widerlegen kannst

Dieses Kapitel ist eigentlich ein No-Go. Wer Klima-Mythen aufzählt, muss damit rechnen, dass sich genau diese **Fehlinformationen** in den Köpfen der Leser festsetzen. Doch wie kann man vor etwas warnen, das man nicht benennen darf? Ein Dilemma. Zum Glück bist du vorgewarnt.

1. »Beim Klimawandel sind sich die Wissenschaftler nicht einig.« Fakt ist: 97 % aller Klimawissenschaftlerinnen und -wissenschaftler stimmen darin überein, dass die mittlere Temperatur auf der Erde ansteigt und der Mensch diesen Temperaturanstieg maßgeblich verursacht.
2. »Klimaschwankungen gab es doch schon immer.« Richtig – und einige davon haben in der Erdgeschichte zu globalem Artensterben beigetragen. Während die Klimaschwankungen in der Vergangenheit durch natürliche Ursachen erklärt werden können, übertrifft die Wirkung des CO_2-Ausstoßes der Menschen derzeit alle anderen Einflüsse.
3. »Schuld am Klimawandel ist die Sonnenaktivität.« Falsch! Die Wissenschaft hat einen eindeutigen Zusammenhang zwischen dem CO_2-Gehalt in der Atmosphäre und der Temperatur auf der Erde nachgewiesen. Übereinstimmung von Temperatur und Sonnenaktivität gibt es aktuell nicht. Die Leuchtkraft der Sonne hat seit Mitte des 20. Jahrhunderts sogar abgenommen.
4. »Die Natur setzt mehr CO_2 frei als der Mensch. Der menschengemachte Beitrag ist viel zu gering, um Auswirkungen auf das Weltklima zu haben.« Ja, durch Zersetzungsprozesse in der Natur werden große Mengen CO_2 freigesetzt. Aber: Die werden auch wieder gebun-

den. Diese Vorgänge gehören zum natürlichen Kohlenstoff-Kreislauf auf der Erde. Dagegen setzt der Mensch zusätzliches CO_2 frei, von dem ca. 45 % dauerhaft in der Atmosphäre verbleiben.

5. »Die Gletscherschmelze ist völlig egal, ein Teil der Gletscher wächst sogar.« Falsch, das Schmelzen der Gletscher hat schwerwiegende Folgen: Schmelzwasser fließt ins Meer, trägt zur Erhöhung des Meeresspiegels bei und schafft damit massive Probleme für Küstenregionen und Inseln. In den Bergen fehlt langfristig das Wasser für die Trinkwasserversorgung, für Landwirtschaft und Energiegewinnung durch Wasserkraftwerke. Wenn Gletscher vereinzelt wachsen, beweist das nur, dass globale Erwärmung nicht immer und überall zur gleichen Zeit, an allen Orten und im gleichen Tempo stattfindet.

Das Portal *Klimafakten* liefert zahlreiche Faktenchecks (www.klimafakten.de). Eine Übersicht über typische Falschbehauptungen und wissenschaftlich fundierte Antworten darauf findest du auch auf dem Portal *Skeptical Science* (deutschsprachige Seiten unter: https://skepticalscience.com/translation.php?lang=6).

7 Argumentationsmuster, die du durchschaust

Nicht jeder, der sich kritisch zu Klimathemen äußert, ist ein Klimawandel-Leugner. Im Alltag begegnen uns viel häufiger Menschen, die zwar den Klimawandel anerkennen, aber trotzdem fragwürdig argumentieren. Einige Beispiele:

1. Dein Onkel hat ein neues Auto, du fragst nach Verbrauch und CO_2-Ausstoß. Sofort geht er in die Defensive: »Aber was ist denn mit den Kreuzfahrtschiffen? Da produziert eins so viel CO_2 wie 80 000 Autos dieser Klasse.« Er versucht, vom eigentlichen Thema abzulenken und zu relativieren. Man nennt diese Art von Gegenfragen **Whataboutism**. Versuch, beim Thema zu bleiben, und wenn er mit dieser Taktik nicht aufhört, weise ihn darauf hin. Viele Menschen nutzen solche Kommunikationsstrategien unbewusst.
2. Du sagst: »Es wäre doch super fürs Klima, wenn unsere Mensa auch veganes Essen anbieten würde.« Dein Gegenüber: »Du willst uns wohl verbieten, Fleisch zu essen!« Das hast du aber weder gesagt noch gemeint. Dein Gesprächspartner hat einen falschen Schluss aus deiner Aussage gezogen und greift dich jetzt an, indem er dir eine Position unterstellt, die du gar nicht vertrittst. Man nennt diese Argumentationsstrategie **Strohmann-Argument**. Oft fühlt man sich genötigt, auf die Unterstellung zu antworten, und bestätigt sie damit

gewissermaßen. Hier solltest du genau aufpassen und dich deutlich von falschen Schlüssen abgrenzen.

3. »Ich bin doch sowieso machtlos gegen die Umweltverschmutzung der Industrie.« Das Argumentationsmuster dazu lautet: *Ich als Einzelner bin zu schwach, um die Welt zu verändern.* Bestes Gegenbeispiel ist Greta Thunberg. Sie zeigt uns, wie wirksam eine einzelne Person werden kann. Wir sind nicht allein, wir sind Teil einer Schule, einer Familie, eines Freundeskreises, einer Gesellschaft. Ziehen auf einmal mehrere soziale Gruppen an einem Strang, vernetzen sich, machen politisch auf sich aufmerksam und entwickeln eine größere Dynamik, entstehen sogar sehr machtvolle Bewegungen.
4. In einer Debatte vertrittst du die Meinung, weniger Konsum würde zu weniger CO_2-Ausstoß führen und wäre daher gut fürs Klima. Plötzlich sagt jemand zu dir: »Deine Familie fährt doch auch einen SUV!« Die Strategie dahinter: Dein Gegenüber versucht, die inhaltliche Auseinandersetzung zu umgehen, indem er dich als Person attackiert. Der Fachbegriff dazu lautet **Tu-quoque-Argument** (lateinisch: *tu quoque* = auch du). Deine Aussage zum Konsumverzicht stimmt, unabhängig davon, wie du dich verhältst. Natürlich solltest du versuchen, authentisch zu leben, aber lass dich nicht auf Diskussionen zu deiner Person ein. Mach deinem

Gegenüber klar: Jeder von uns hat Konsumgüter, und trotzdem dürfen wir alle unsere Meinung äußern, auf Missstände aufmerksam machen oder politische Forderungen stellen.

5. »Familie Schulz von gegenüber fliegt sogar zweimal im Jahr in den Urlaub!« Wer mit dem Finger auf andere zeigt, will oft vom eigenen Unvermögen ablenken. Dass die Nachbarn in den Urlaub fliegen, ist nicht verboten, und es ist ihre Entscheidung. Jeder ist eingeladen, sich an die eigene Nase zu fassen und dafür zu sorgen, dass sein CO_2-Ausstoß nicht größer ist als unbedingt notwendig. Ausschließlich andere zu be- und verurteilen, nützt niemandem und kann sogar zu gefährlicher Ausgrenzung von Menschen und sozialen Gruppen führen.
6. »Was hilft es, wenn wir Deutschen aktiv Klimaschutz betreiben und die ganze Welt weitermacht wie bisher? Wir produzieren nur 2 % des weltweiten CO_2-Ausstoßes.« Hier haben wir gleich zwei Argumentationsmuster: *Wenn andere nichts tun, müssen wir auch nichts machen.* Und: *Wir sind doch so unbedeutend.* Deutschland ist eine der führenden Technologienationen und eine der stärksten Wirtschaftsmächte der Welt – also ganz und gar nicht unbedeutend. Wir können ein Vorbild sein und zeigen: Wohlstand und Wirtschaftskompetenz müssen nicht auf Kosten unserer Umwelt gehen.

Wichtig ist vor allem, dass wir glaubwürdig sind, also unsere Klimaziele einhalten.

7. »Mehr Klimaschutz schädigt unsere Wirtschaft, und dann ist sie nicht mehr konkurrenzfähig.« Eine pauschale Behauptung, der eine kurzfristige und begrenzte Sichtweise zugrunde liegt. Im Klimaschutzprogramm der Bundesregierung steht ausdrücklich: »Auch bei wirtschaftlicher Betrachtung gilt: Je höher der Temperaturanstieg ist, desto erheblicher sind die Kosten für Klimaschäden sowie die erforderlichen Anpassungskosten an den Klimawandel, die bei Weitem die Vermeidungskosten übersteigen.« Diesen Zusammenhang erkennen Industrie und Finanzwirtschaft zunehmend. Im Januar 2020 hat Larry Fink, Chef der mächtigen US-Investmentfirma *BlackRock*, einen Brandbrief an die Topmanager von Unternehmen geschrieben. Er forderte zu mehr Nachhaltigkeit auf und kündigte an, sein Unternehmen werde sich aus Investitionen zurückziehen, die mit hohen Umweltrisiken verbunden seien.

Action – So erreichst du wirklich etwas

Auch wenn wir auf Überfluss-Konsum verzichten, kein Fleisch mehr essen, Strom sparen und nur noch Fahrrad fahren – es wird nicht reichen, um das Klima zu retten. Selbst wenn die Politiker und die Industrie ab sofort alles daransetzen, die Katastrophe abzuwenden – es wird schwer werden. Doch jede Veränderung beginnt mit einem ersten Schritt. Und dann noch einem und noch einem. Gehen viele mit uns diesen Weg, können wir gemeinsam die schlimmsten Folgen der Klimakatastrophe abwenden. Je mehr Menschen etwas an ihrem Lebensstil verändern und darüber berichten, desto eher sind auch andere zur Veränderung bereit. So entstehen Trends und Bewegungen, die wirklich wirksam werden.

Ziele und wie man sie erreicht

Wir alle sind für mehr Klimaschutz, aber wo fangen wir an?

Größte Potenziale zum Einsparen findet man immer dort, wo der größte Verbrauch ist. Die meisten CO_2-Emissionen entstehen durch Mobilität, Wohnen und Ernährung. Besonders effektiv ist es, die Klimaschädlichkeit einzelner Konsumgüter oder Aktivitäten zu vergleichen und gezielt auf solche zu verzichten, die den höheren CO_2-Ausstoß verursachen. Vielleicht denkst du im ersten Moment, dass du wenig Einfluss darauf hast, wie ihr wohnt, schließlich entscheiden das deine Eltern. Aber überleg noch mal, kann die Raumtemperatur nicht zwei Grad niedriger sein? Beteiligst du dich am Gespräch, wenn deine Eltern über Maßnahmen zum Wärmeschutz diskutieren?

Willst du etwas verändern, solltest du erst mal herausfinden, wo du gerade stehst. Wie sieht dein Konsum aus, was sagt der CO_2-Rechner? Hast du dich bisher engagiert, bist du gut informiert? Wie geht es dir in kontroversen Diskussionen?

Im nächsten Schritt kannst du dich fragen, was du leicht und sofort verändern kannst. Wenn dir selbst nichts einfällt, findest du dazu Anregungen im Netz, in Büchern oder im Gespräch mit anderen.

Zum Schluss legst du für dich Ziele fest, aber nimm dir nicht zu viel vor! Und nun konzentriere dich auf diese Ziele und gehe deinen Weg konsequent. Schaffe dir Routinen und nimm dir erst neue Ziele vor, wenn du dein Verhalten dauerhaft geändert hast. So erreichst du mehr, als wenn du 1000 Dinge versuchst und nach kurzer Zeit überfordert aufgibst. Tu, was dir am Herzen liegt, dann gewinnst du auch die kleinen Schlachten, die man braucht, um voranzukommen. Das ist authentisch, und du wirst vielleicht sogar zum Vorbild für andere. Wenn du den ersten Schritt in Richtung deiner Ziele gehst, werden andere Schritte wie von selbst folgen. Plötzlich ist Veränderung ganz leicht.

Gemeinsam aktiv sein

Egal, ob ihr am *Earth Hour Day* gemeinsam im Dunkeln sitzt, im *Repair-Café* mit mehreren näht oder als Gruppe zum Generalstreik radelt: Zusammen mit anderen macht es mehr Spaß, und du bleibst eher dran. Außerdem steigt die Wahrscheinlichkeit, dass noch mehr Menschen sich euch anschließen.

Warum es wichtig ist, andere zu bewegen

Karim macht sich schon lange Gedanken zum Zustand der Welt. Er liest jeden Tag etwas darüber und versucht, möglichst minimalistisch zu leben. Er isst kein Fleisch und möchte nicht mehr in den Urlaub fliegen. Sein CO_2-Fußabdruck liegt deutlich unter dem Durchschnitt, doch er redet wenig darüber. Schließlich ist das seine Sache.

Nele hat das Thema Klimakrise für sich entdeckt, als sie sich der Fridays-for-Future-Ortsgruppe in ihrer Kleinstadt angeschlossen hat. Erst war sie nur auf der Suche nach netten Leuten in ihrem Alter, aber dann haben die Diskussionen in der WhatsApp-Gruppe etwas mit ihr gemacht. Anfangs wollte sie nur kein Wasser mehr aus Plastikflaschen trinken, daraus sind viele Gespräche mit ihren Eltern entstanden. Mittlerweile ist die Familie auf Ökostrom umgestiegen, ihre Eltern fahren häufiger mit dem Fahrrad zur Arbeit und gehen mit einem Korb und leeren Glasgefäßen auf dem Wochenmarkt einkaufen. In der Schule hat Nele ein Kunstprojekt zum Klimawandel angeregt, über das sogar in der Zeitung berichtet wurde. Wenn sie heute in der Stadt unterwegs ist, wird sie von vielen Leuten darauf angesprochen. Ihr Lehrer plant jetzt eine Projektwoche zur Klimakrise. Er hat Nele gefragt, ob sie an einer Podiumsdiskussion teilnehmen möchte.

Jeder Mensch hat ein Netzwerk. Auch Karim hat das, aber vielleicht ist ihm gar nicht bewusst, wie wertvoll seine Erfahrungen für andere sind. Wenn wir es schaffen, andere in unserem Netzwerk zu bewegen, setzt sich das in ihren Netzwerken weiter fort. So wächst das Klimabewusstsein immer mehr. Verhält sich ein bestimmter Anteil der Bevölkerung in einem Bereich klimaschützend, wird dieses Verhalten zur Norm. Erst wenn ein Thema in der breiten Masse der Bevölkerung angekommen ist, können wir darauf hoffen, dass es auch politisch aufgegriffen wird.

Wertschätzende Kommunikation

»Du hörst mir gar nicht zu!«, schreit Samira, knallt die Tür zu und wirft sich aufs Bett. Ihre Mutter steht sprachlos im Flur, die Hand zur Faust geballt. Soll sie jetzt mit Wut im Bauch gegen die Tür klopfen und auf einem Gespräch bestehen? Samira hofft darauf und hat gleichzeitig Angst, dass sie sich nur wieder anschreien.

Wie würdest du dir die perfekte Kommunikation wünschen? Welche Begriffe fallen dir ein? Da geht es sicher um Respekt, gutes Zuhören, Einfühlungsvermögen (Empathie), Vertrauen, Freundlichkeit, Offenheit, Mut zur Wahrheit, Ehrlichkeit, Wohlwollen und noch mehr. Im Leben ist selten alles perfekt. Wie kannst du also erreichen, dass deine Gespräche respektvoller und empathischer verlaufen?

Das **Handlungskonzept zur gewaltfreien Kommunikation (GFK)** des Psychologen Marshall B. Rosenberg hat darauf eine Antwort. Es soll uns helfen, unsere innere Haltung zu ändern: weg vom Kampf und hin zum friedlichen Miteinander. Das gelingt nur, wenn wir alte Muster (z. B. Verteidigung, Rückzug und Angriff) aufgeben und wirklich einfühlsam miteinander sprechen. Keine Urteile, Schuldzuweisungen oder Gewalt. Dann entwickeln wir wertschätzende Beziehungen, die zu mehr Kooperation und gemeinsamer Kreativität im Zusammenleben führen. Ganz wichtig ist dabei die Wahrnehmung von Bedürfnissen, bei uns selbst und bei anderen. Lies dazu noch einmal auf Seite 33.

Die vier Schritte der GFK sind **Beobachtung**, **Gefühl**, **Bedürfnis** und **Bitte**: Bei der **Beobachtung** geht es darum, die Dinge zu beschreiben, ohne sie zu bewerten. Die Beobachtung löst in uns ein **Gefühl** aus, das wir wahrnehmen können und das meist mit einem **Bedürfnis** in Verbindung steht. Gleichzeitig nehmen wir das Bedürfnis unseres Gesprächspartners wahr. Schließlich formulieren wir eine **Bitte** um eine konkrete Handlung.

Samira könnte zu ihrer Mutter sagen: »Wenn ich an der Freitagsdemo nicht teilnehmen darf, stehen meine Freunde ohne mich da *(Beobachtung)*. Ich habe das Gefühl, ich lasse sie im Stich, und außerdem fühle ich mich von dir unter Druck gesetzt *(Gefühl)*. Ich verstehe, dass du es für wichtig hältst, wenn ich am Matheunterricht teilnehme, schließlich sind meine Noten schlecht, und wir können uns keine Nachhilfe leisten *(Bedürfnis Mutter)*, aber ich möchte auch eine gute Freundin sein und mich für meine Zukunft einsetzen *(eigenes Bedürfnis)*. Bitte erlaube es mir diesmal, ich verspreche auch, die Matheunterlagen zu besorgen und am Wochenende zu lernen *(Bitte)*.«

Natürlich ist die GFK hier sehr vereinfacht dargestellt. Um sie wirklich zu erlernen, brauchst du weitere Informationen und viel Übung.

Warum wir neue Botschafter, Geschichten und andere Kunstformen brauchen

Die Klimastreiks haben schon viel bewegt: Das Thema Klimawandel ist in der Bevölkerung angekommen, zunehmend rückt es politisch in den Mittelpunkt. Auch wenn sich zwischenzeitlich immer wieder andere Themen, wie 2020 die Corona-Krise, in den Vordergrund drängen, ist es wichtig, die drohende Klimakatastrophe weiterhin im Fokus zu behalten.

Ihr könnt das Klimabewusstsein eurer Familien deutlich beeinflussen und selbst Familienmitglieder erreichen, die eher zu den Klimawandel-Skeptikern gehören. Wie wir gesehen haben, wird unsere Wahrnehmung durch Emotionen, Werte und Ideologien stark beeinflusst. Die meisten Menschen sind erst wirklich offen und bereit, sich auf eine Kursänderung einzulassen, wenn sie emotional berührt werden und Vertrauen zu ihrem Diskussionspartner haben. In Familien herrscht in der Regel ein solches Verhältnis. Das ist einer der Gründe, warum Kinder und Jugendliche **die idealen Botschafter** sind.

Wir Menschen haben uns schon immer **Geschichten** erzählt. Wir brauchen sie, um die Welt um uns herum zu reflektieren und in unserer Fantasie Situationen durchzuspielen, die wir in der Realität nie erleben müssen. Das bereitet uns auf neue Situationen vor und hilft dabei, uns in andere Menschen hineinversetzen zu können. Harte Fakten haben es viel schwerer, in unseren Köpfen hängen zu bleiben, als eine Geschichte. Allerdings muss uns die Geschichte emotional berühren, damit sie etwas in uns bewegt. Überlege dir also, wie du deine Sicht auf den Klimawandel in eine Geschichte verpacken kannst, an die dein Gegenüber anknüpfen kann. Was sind die Punkte, an denen sie oder er am meisten vom Klimawandel getroffen würde?

Kunst und Musik berühren Menschen oft tiefer als Worte. Jeder nimmt die Welt anders wahr, Sinneseindrücke wirken unterschiedlich. Über Kunst und Musik werden besonders viele Sinne gleichzeitig angesprochen. Künstler in aller Welt nutzen ihre Möglichkeiten, um auf die Folgen der Erderhitzung aufmerksam zu machen. Ein Beispiel ist das **Projekt IceWatchLondon**: Olafur Eliasson und Minik Rosing ließen in London am 11. Dezember 2018 insgesamt 30 **tonnenschwere Eisblöcke aus Grönland** aufstellen, mit denen sie auf die gravierende Lage in den Polargebieten hinweisen wollten. Besucher der Installation konnten mit eigenen Augen beobachten, wie sich die Eisblöcke in Wasser auflösen. Viele Menschen haben die Eisblöcke umarmt und geküsst, ein Zeichen, wie sehr sie von dem schmelzenden Eis berührt waren.

Vielleicht möchtest du selbst das Thema künstlerisch angehen: Songtexte, Science-Slams, Comics, Kurzgeschichten, Bilder, Fotos oder Comedy – es gibt unendlich viele Möglichkeiten. Mach, was du gerne tust, und versuche auszudrücken, was dir besonders wichtig ist. Wenn du deine Aktivitäten über soziale Medien verbreitest, erreichst du viele Menschen und kommst im besten Fall mit ihnen ins Gespräch.

Klimamythen entschärfen – aber wie?

Fakten und Argumente kennst du jetzt, außerdem die Gründe, warum manche Menschen genau dafür nicht zugänglich sind. Du weißt auch, dass es viel leichter ist, eine Person zu erreichen, wenn du ihre Gefühle ansprichst und sie Vertrauen zu dir hat. Doch wie schaffst du es, wirklich eine Brücke zu jemandem zu schlagen, der dem Thema Klimawandel mit Skepsis begegnet? Hier kommt es auf das WIE an.

- **Grundstimmung**: Gehe nicht mit Kampfbereitschaft in eine Diskussion. Auch der unbedingte Wille, den anderen von deinem Wissen zu überzeugen, löst eher eine Abwehrreaktion aus.
- **Grundsituation**: Hektik und Stress sind keine gute Ausgangslage für ein produktives Gespräch. In einem Umfeld voller Klimaleugner und Trolle wirst du es kaum schaffen, Gehör zu finden. Überlege, ob es jetzt sinnvoll ist, Energie für eine Diskussion aufzuwenden, oder

ob du das Thema zu einem anderen Zeitpunkt ansprechen kannst.

- **Empathie**: Zeige ehrliches Interesse an deinem Gegenüber und versuche, auf seine Werte und Sichtweise einzugehen. Welche Bedürfnisse spürst du? Gibt es Gemeinsamkeiten, die du betonen kannst?
- **Offenheit**: Sei offen für andere Informationen und Argumente. Jeder Mensch kann sich irren, du musst nicht automatisch recht haben. Gerade weil das Thema so komplex ist. Wenn eine Situation entsteht, in der alle ins Rätseln kommen, zückt eure Handys und versucht gemeinsam, die passende Information zu finden (auf die Quelle achten!). Das verbindet und schafft sofort Informationsgewinn.
- **Nachfragen:** Hast du richtig verstanden, was deine Gesprächspartnerin gesagt hat? Vergewissere dich, dass ihre Meinung korrekt bei dir angekommen ist. Vorsicht vor dem *Bumerang-Effekt*, siehe dazu Seite 42.
- **Gefühle äußern**: Scheue dich nicht, Gefühle zu äußern. Es macht allen Menschen Angst, wenn sie begreifen, was der Klimawandel für die Erde und die Menschheit bedeuten könnte. Ist dir wichtig, dass es den Menschen um dich herum gut geht, also auch deinem Gesprächspartner? Dann sage das auch und betone, wie dringend wir handeln müssen.

- **Fakten**: Überzeugen solltest du immer mit Fakten, aber am besten erst, nachdem du eine offene und vertrauensvolle Gesprächssituation hergestellt hast. Natürlich musst du wissen, woher du die Fakten hast.
- **Weniger ist mehr**: Mach es nicht zu kompliziert und überschütte dein Gegenüber nicht mit zu vielen Informationen, sonst macht er schnell dicht. Versuche, den Informationsstand deines Gesprächspartners zu erahnen, und passe dich an.
- **Keine Leerstellen**: Wenn du Gerüchte nur widerlegst, hinterlässt das beim Gegenüber eine Lücke, die er vielleicht mit falschen Erklärungsversuchen füllt. Besser ist es, wenn du eine richtige Erklärung anbietest.
- **Nicht spalten**: Es hilft nicht, wenn du dein eigenes klimaschonendes Handeln anderen vorhältst und sie wie Klimasünder dastehen lässt. Vielmehr solltest du versuchen, sie für ein kollektives und kooperatives Verhalten zu gewinnen.

Im Netz: Kritik aushalten – auf Hass reagieren

Kritik sollte man sich immer stellen, selbst wenn sie eher unfreundlich geäußert wird. Wichtig ist es, ruhig und mit Bezug auf das eigentliche Thema zu reagieren. Es kann helfen, einmal durchzuatmen und zu versuchen, die Situation von außen zu betrachten. Frage dich: »Wer sagt was und

warum?« Meist bist du dann schon etwas distanzierter und kannst dreiste Kommentare an dir abprallen lassen. Vor allem im Internet hat jeder eine Meinung, und viele Leute trauen sich, Dinge zu äußern, die sie dir niemals ins Gesicht sagen würden. Manche haben Schwierigkeiten, sich angemessen auszudrücken. Hier hilft eine Nachfrage, in der du deinem Gegenüber spiegelst, wie seine Aussage bei dir angekommen ist. Im besten Fall kommt es dann zu einer Diskussion, aber nicht immer ist es klug, diese öffentlich zu führen. Oft ist es angenehmer, die Diskussion in Privatnachrichten weiterzuführen. Natürlich gibt es auch Menschen, die zu keiner sachlichen Auseinandersetzung fähig sind oder einfach nur aus Spaß trollen. Mach dir klar, dass das nichts mit dir zu tun hat.

Doch wie geht man mit wirklich üblen Beschimpfungen um, mit **Hassrede** (*Hatespeech* oder *Hate Speech*) im Internet? Solche Angriffe können sehr belastend sein. Denk immer zuerst daran, dich selbst zu schützen, und gib niemals deine Adresse preis. Grundsätzlich kannst du verschiedene Strategien anwenden:

- **Klar benennen**: Benenne in einem eigenen Posting die Hassrede der anderen (»Das ist diskriminierend, sexistisch etc.«). Bleibe dabei unbedingt sachlich.
- **Ignorieren**: Wer keine Aufmerksamkeit bekommt, verliert schnell das Interesse. Aber: Vielleicht wäre doch

eine Diskussion möglich gewesen, und Mitlesende glauben vielleicht den Inhalten der Hassredner, wenn nicht widersprochen wird. Auf jeden Fall verpasst du eine Gelegenheit, Haltung zu zeigen.

- **Dagegenargumentieren:** Gegenrede (*Counter Speech*) ist weniger dazu gedacht, die *Hater* selbst umzustimmen, kann aber helfen, unentschlossene Mitlesende zu erreichen. Damit überlässt du den Hassrednern nicht das Feld. Wenn du »falschem Wissen« deutlich widersprichst und das auch mit Fakten belegen kannst, lassen die Mitlesenden sich nicht so leicht von den Falschaussagen beeindrucken. Manchmal kommen auch andere Mitlesende aus der Deckung und unterstützen dich.
- **Ironisieren**: Mit Humor und Ironie kannst du Situationen entschärfen und gleichzeitig Haltung zeigen. Eine Variante ist das Posten von Memes.
- **Melden und löschen**: In sozialen Netzwerken, Online-Foren oder Kommentarbereichen von Online-Zeitungen gibt es meist einen Melde-Button. In einer Gruppe kannst du dich an den Administrator wenden, auf einer Seite oder einem Kanal an den Betreiber (den Namen findest du im Impressum). Informiere sie über Hasspostings und fordere sie zur Löschung auf. Offensichtlich rechtswidrige Inhalte müssen in der Regel innerhalb von 24 Stunden nach Eingang der Beschwerde entfernt

werden. Für Inhalte, deren Rechtswidrigkeit nicht offensichtlich ist, gilt eine Sieben-Tage-Frist.

- **Blockieren**: Zu dieser Maßnahme kannst du greifen, wenn jemand dich dauerhaft nervt und keine Diskussion möglich ist.
- **Bei der Polizei anzeigen**: Strafbare Inhalte kannst du bei jeder Polizeidienststelle oder online anzeigen. Du solltest Beweise sichern, etwa durch einen Screenshot. Es ist wichtig, schnell zu handeln, damit die Provider-Daten gesichert werden können.
- **Hilfe suchen**: Hilfe bekommst du z. B. bei extra eingerichteten Beratungsstellen der Länder oder bei hateaid.org.

Das *No Hate Speech Movement* ist eine internationale Kampagne gegen Hassrede im Netz. Auf dem deutschen Portal findest du Memes und Lernmaterial (www.no-hate-speech.de).

Immer gut informiert sein

Tim hat in der Zeitung von einem kostenlosen Vortrag bei der Volkshochschule gelesen, bei dem das Konzept von *foodsharing* vorgestellt werden soll. Seine Familie betreibt einen Obst- und Gemüse-Handel, sie zahlt viel Geld für die Entsorgung von Lebensmitteln, die eigentlich noch verwendet, aber nicht mehr verkauft werden können. Tim überredet seinen Vater, mit zu dem Vortrag zu gehen. Hinterher kommen sie mit der Aktivistin, die den Vortrag hielt, ins Gespräch und vereinbaren einen Termin. »Wie gut, dass du das in der Zeitung gelesen hast«, sagt Tims Vater auf dem Heimweg.

Wenn du dich einmischen willst, solltest du Bescheid wissen. Das fängt in deinem direkten Umfeld an. Du kannst in den örtlichen Zeitungen oder Magazinen nach Informationen suchen. Bei größeren Bau- oder Umgestaltungsprojekten gibt es Bürgeranhörungen, zu denen alle gehen können. Auch Sitzungen des Umweltausschusses sind meist öffentlich. Für wichtige Ankündigungen kannst du die Pressemitteilungen deiner Gemeinde abonnieren.

Du willst die neuesten Informationen zur Klimaforschung oder -politik nicht verpassen? Dann suche dir Kanäle, die deiner üblichen Mediennutzung entsprechen. Alle Umweltschutzverbände und bekannten Nachrichtenmagazine sind auf mehreren Kanälen aktiv, außerdem verschicken sie kostenlose Newsletter. Abonniere nur ausgewählte Newsletter, sonst wird es schnell zu viel.

Klimapolitik – sei dabei!

Politik machen kann und darf jeder. Es gibt viele Möglichkeiten, politisch aktiv zu werden:

- **In sozialen Medien aktiv sein**: Im Grunde ist es schon politisch, wenn du einen Artikel oder eine Petition zum Klimaschutz teilst und dazuschreibst, was du darüber denkst. Aber vielleicht geht noch mehr? Du könntest eigene Beiträge verfassen, eine Gruppe, einen Kanal oder einen Podcast gründen.
- **Initiativen unterstützen**: Eine Straßengemeinschaft will eine Baumallee schützen, eine Bürgerinitiative hat sich zum Schutz eines Feuchtgebietes zusammengefunden? Hier ist jeder Unterstützer willkommen, nebenbei knüpfst du auch Kontakte zur lokalen Politik. Du hast ein Thema, auf das bisher niemand aufmerksam macht? Vielleicht möchtest du **selbst eine Initiative starten**.
- **Den Abgeordneten deines Wahlbezirks ansprechen oder anschreiben**: Trau dich, auch Abgeordnete sind nur Menschen! Schließlich wurden sie gewählt, um die gesetzlichen Rahmenbedingungen für den Klimaschutz zu regeln. Wer für dich zuständig ist, erfährst du auf den Abgeordneten-Seiten des Bundestags oder auf dem Portal *Abgeordnetenwatch* (www.abgeordnetenwatch.de). Abgeordnete halten auch Bürgersprechstun-

den in ihrem Wahlkreis ab, dort kannst du sie persönlich treffen. Wenn du lieber schreiben möchtest, geht das per Mail, aber wirkungsvoller sind Briefe. Du solltest dich als Bürger aus dem Wahlkreis vorstellen und dein Anliegen klar und höflich formulieren.

- **Eine Umweltschutzorganisation unterstützen**: Hier hast du die Wahl. Geht es dir um die ganze Organisation oder um eine einzelne Kampagne? Willst du Geld spenden oder selbst aktiv sein? Soll es eine Organisation sein, die mit einer Ortsgruppe in deiner Gemeinde vertreten ist? Welches Thema liegt dir besonders am Herzen?
- **Online-Petitionen**: Eine Petition ist ein Schreiben (eine Bittschrift, eine Beschwerde) an eine zuständige Stelle, zum Beispiel ein Ministerium. Das Petitionsrecht ist eines unserer Grundrechte. Die Unterschriften dürfen online gesammelt und eingereicht werden, es gibt Organisationen wie z. B. *Change* und *OpenPetition*, mit deren Hilfe man eine Petition starten kann. Du findest im Netz viele Petitionen, die den Klimaschutz betreffen. Unterstützen kann man eine Petition mit seiner Unterschrift, mit Geld und indem man sie in sozialen Medien teilt. Jeder kann **selbst eine Petition starten**. Wenn du unter 18 bist, frage deine Eltern.
- **Der Jugendorganisation einer Partei beitreten**: Auch in den Parteien braucht es starke Stimmen, die sich für

Klimaschutz einsetzen. Vor allem auf kommunaler Ebene fehlt es oft an jungen Leuten, die sich parteipolitisch engagieren.

- **Fürs Klima demonstrieren**: Wer in Deutschland demonstriert, übt damit sein Grundrecht der Versammlungsfreiheit aus. Ein Schulstreik ist genau genommen ein Unterrichtsboykott und daher eigentlich nicht zulässig, denn wir haben in Deutschland eine Schulpflicht. Dennoch gehen viele Schüler nach dem Vorbild von Greta Thunberg freitags während der Unterrichtszeit auf die Straßen und demonstrieren. 2019 gab es mehrere Großdemos, beim dritten globalen Klimastreik am 20. September 2019 nahmen allein in Deutschland 1,4 Millionen Menschen teil. Seit der Corona-Pandemie wird auch im Netz gestreikt. Wie du die Aktionen unterstützen kannst, erfährst du auf den Seiten der Klimaschutzorganisationen.
- **Bei Fridays for Future mitmachen**: Wenn du bei FFF mitmachen willst, kannst du dir eine der Ortsgruppen auf der Webseite aussuchen und mit ihr in Kontakt treten. Lies nochmals auf Seite 29.
- **Aktionen des »zivilen Ungehorsams« unterstützen**: Dabei geht es um bewusste, gewaltfreie Regelverstöße als Form des Protestes mit dem Ziel, auf den Klimanotstand aufmerksam zu machen (z. B. Sitz- oder Stra-

ßenblockaden). Ziviler Ungehorsam ist eine Form der politischen Teilhabe mit langer Tradition, doch die Aktionen sind oft umstritten, weil sie gegen geltende Vorschriften und Gesetze verstoßen. Es gibt aber auch Stimmen, die sagen, Demokratien seien auf diese Form des Protestes angewiesen, um sich selbst zu regulieren. Die Bewegung *Extinction Rebellion* möchte mit zivilem Ungehorsam auf die Klimakrise hinweisen und betont dabei ausdrücklich Gewaltfreiheit. Wenn du minderjährig bist und an den Aktionen teilnehmen willst, solltest du auf jeden Fall vorher mit deinen Eltern sprechen. Informiere dich gut und entscheide bewusst, wie weit du gehen willst. Wie bei Fridays for Future gibt es Ortsgruppen und Arbeitsgruppen, in denen du dich engagieren kannst.

Es geht um dich

Am Schluss geht es um dich. Wenn du in Deutschland aufgewachsen bist, hast du vermutlich noch keinen Krieg erlebt und kennst vor allem sichere und stabile gesellschaftliche Verhältnisse. Vielleicht hat die weltweite Corona-Krise dich verunsichert, sie hat dir aber auch gezeigt, was kollektives Handeln bewirken kann. Die Medien bieten dir jederzeit Ablenkung, und die Werbung gaukelt dir vor, dass alles super ist, wenn du nur dieses Produkt kaufst. Du aber weißt: Die Klimakatastrophe ist da, und sie bedroht deine Zukunft und die deines kleinen Bruders oder deiner kleinen Cousine. Sie verschwindet auch nicht, wenn plötzlich eine Pandemie im Vordergrund steht oder wenn du zwischendurch in andere Welten abtauchst. Sei also aktiv und misch dich ein! Das ist dein gutes Recht. Du darfst Forderungen stellen. Manchmal musst du gegen den Strom schwimmen, manchmal triffst du auf harten Widerstand, manchmal erfordert es Mut, und manchmal fühlst du dich allein. Es ist nicht immer leicht, was da auf dich zukommt, aber sei gewiss: Du bist wichtig, und dein Handeln hat Einfluss auf deine Umgebung und die ganze Welt.

Quellen und weiterführende Literatur

Was ist da im Wandel?

BMU (01. 05. 2018): *Klimaschutz in Zahlen (2018)*

BMU (01. 05. 2019): *Klimaschutz in Zahlen (2019)*

Deutsches Klima Konsortium (DKK) et al. (06. 07. 2017): *Klimafakten als Grundlage für politische Entscheidungen.* Presseinformation zum Stand der Forschung zum G20-Gipfel

Rahmstorf, S. & Schellnhuber, H. (2018): *Der Klimawandel: Diagnose, Prognose, Therapie*, 2018 (8., vollständig überarbeitete und aktualisierte Auflage). München: Verlag C. H.Beck.

UBA (22. 07. 2019): *Atmosphärische Treibhausgas-Konzentrationen*. Abgerufen vonhttps://www.umweltbundesamt.de/daten/klima/atmosphaerische-treibhausgas-konzentrationen#kohlendioxid

Der wissenschaftliche Konsens

Cook,J. et al. (09. 2019). *The Consensus Handbook*, deutsch: *Handbuch zum Klimakonsens*. Abgerufen von https://skepticalscience.com/docs/Consensus_Handbook_German_A4.pdf

Rückkopplungseffekte, Kippelemente und Kettenreaktionen

Lenton, T. M., et al. (27. 11. 2019): *Climate tipping points – too risky to bet against*. nature.

Was die Weltgemeinschaft vereinbart hat …

Berichte des IPCC: https://www.de-ipcc.de

… und wie die Ziele bisher umgesetzt wurden

Der KSI wird von *Germanwatch e. V.*, dem *NewClimate Institute* und *Climate Action Network International* herausgegeben. Berichte unter: https://www.climate-change-performance-index.org/downloads

Deutschlands Klimaziele

BMU (01. 11. 2016): *Der Klimaschutzplan 2050 – Die deutsche Klimaschutzlangfriststrategie*

BMU (06. 02. 2019): *Klimaschutzbericht 2018*

BMU (12. 12. 2019): *Bundes-Klimaschutzgesetz*

Deutsches Institut für Wirtschaftsforschung (DIW) im Auftrag von Greenpeace (29. 10. 2019): *Wann Deutschland sein Klimaziel 2020 tatsächlich erreicht*

Greenpeace, Germanwatch (01. 2020): *Klimaklage wird zu Verfassungsbeschwerde*. Abgerufen von https://www.greenpeace.de/sites /

www.greenpeace.de/files/publications/info_klima-verfassungsbeschwerde.pdf
UBA (01. 03. 2020): *Treibhausgasminderungswirkung des Klimaschutzprogramms 2030* (Kurzbericht)

Fridays for Future

Fridays for Future (2020): *Forderungen.* Abgerufen am 24. 05. 2020 von https://fridaysforfuture.de/forderungen/

Scientists for Future

(2019): *Stellungnahme von Wissenschaftlerinnen und Wissenschaftlern zu den Protesten für mehr Klimaschutz – #Scientists4Future.* Abgerufen am 24. 05. 2020 von https://www.scientists4future.org/stellungnahme/stellungnahme-de/

Wunsch und Wirklichkeit

Zeit (09. 06. 2019): *Mehrheit der Deutschen würde fürs Klima verzichten*

Unser Gehirn ignoriert den Klimawandel

Fiedler, M. (11. 02. 2020): *Die Psychologie des Klimawandels – Warum wir viel über die Erderwärmung wissen, aber wenig tun.* Der Tagesspiegel

Paradox: Gerade die »Umweltbewussten« produzieren häufig viel CO_2

UBA (01. 04. 2016): *Repräsentative Erhebung von Pro-Kopf-Verbräuchen natürlicher Ressourcen in Deutschland (nach Bevölkerungsgruppen)*

UBA (01. 07. 2018): *Freiwillige CO2-Kompensation durch Klimaschutzprojekte*

Skeptiker und Leugner

Zu den professionellen Leugnern:

CORRECTIV (04. 02. 2020): *Die Heartland Lobby.* Abgerufen von https://correctiv.org/top-stories/2020/02/04/die-heartland-lobby-2/

Die Macht der Wörter

The Guardian (17. 05. 2019): *Why the Guardian is changing the language it uses about the environment*

5 Klimamythen, die du widerlegen kannst

Cook, J., Lewandowsky, S. (01. 2012): *The Debunking Handbook*, deutsch: *Widerlegen, aber richtig!* Abgerufen von https://skepticalscience.com/docs/Debunking_Handbook_German.pdf

7 Argumentationsmuster, die du durchschaust

7. Punkt:

BMU (09.10.2019): *Klimaschutzprogramm 2030 zur Umsetzung des Klimaschutzplans 2050*. Seite 7

Fink, L. (01.2020): *Eine grundlegende Umgestaltung der Finanzwelt*. Abgerufen am 24.05.2020 von Blackrock: https://www.blackrock.com/ch/privatanleger/de/larry-fink-ceo-letter

Klimamythen entschärfen – aber wie?

Weitere Tipps:

Corner, A., et al. (2015): *The Uncertainty Handbook*, deutsch: *Ungewissheit gekonnt vermitteln*. Abgerufen von https://skepticalscience.com/The-Uncertainty-Handbook-Download-and-Translations.html

Klimapolitik – sei dabei!

Zum Thema »ziviler Ungehorsam«:

Deutschlandfunk (09.10.2019): *Ziviler Ungehorsam – Extinction Rebellion »auf jeden Fall legitim«*. Robin Celikates im Gespräch mit Änne Seidel

Für tiefergehende Studien sind außerdem folgende Seiten gut geeignet:

Der **Hamburger Bildungsserver** bietet Unterrichtsmaterial zum Themenschwerpunkt „Klimawandel, Klimafolgen" an: https://bildungsserver.hamburg.de/

Mit dem »**Bildungswiki Klimawandel**« (Kooperationsprojekt zwischen dem Deutschen Bildungsserver, dem Climate Service Center und dem Hamburger Bildungsserver) wird eine Enzyklopädie zum Thema Klimawandel aufgebaut. Hier findest du außerdem lizenzfreie Bilder und Grafiken: http://klimawiki.org

Weiteres Material und eine Online-Vorlesung zum Klimawandel findest du beim **Deutschen Klima-Konsortium**: https://www.deutsches-klima-konsortium.de/de/klima-themen/klima-fakten.html

Empfehlenswerter Bücher:

Das Klimabuch: Alles, was man wissen muss, in 50 Grafiken von Esther Gonstalla, oekom Verlag, München, 2019

Der Klimawandel: Diagnose, Prognose, Therapie von Stefan Rahmstorf und Hans Joachim Schellnhuber, Verlag C. H. Beck, 2018

Kleine Gase – Große Wirkung: Der Klimawandel von David Nelles und Christian Serrer, Eigenverlag, 2018

#klimaretten: Jetzt Politik und Leben ändern von Rainer Grießhammer, Lambertus-Verlag, 2020

Unsere Zukunft ist jetzt! Kämpfe wie Greta Thunberg fürs Klima von C. Hecking, C. Schönberger, I. Sokolowski, Verlag Friedrich Oetinger, Hamburg 2020